本研究得到 2012 年中国农业科学院院本级基本业务费（项目标号：2012ZL073）的支持，特此感谢！

U0352750

中国动物卫生重大问题研究团队

浦　华　中国农业科学院北京畜牧兽医研究所
　　　　博士、副研究员
靳淑平　中国农业科学院农业经济与发展研究所
　　　　副研究员
胡向东　北京农学院经济管理学院　博士
涂　勤　中国社会科学院世界经济与政治研究所
　　　　博士、研究员
白裕兵　中国农业科学院北京畜牧兽医研究所
　　　　硕士研究生
郝　利　北京市农林科学院　博士、副研究员
王士海　山东农业大学经济管理学院　博士

序

2012 年初，笔者非常有幸接受中国农业科学院院本级基本业务费的支持，从事动物卫生重大问题的相关研究。之前王济民研究员几次和笔者交流，希望笔者延续博士就读期间的研究内容进一步延伸，可是一直苦于没有找到合适的机会和感兴趣的研究点，这次正值全国上下高度关注畜产品质量安全之际，可谓恰逢其时，水到渠成。于是和多年来一直合作研究的北京农学院胡向东博士、中国社会科学院涂勤博士、中国农业科学院农业经济与发展研究所靳淑平副研究员等协商，确定了主要研究方向，以制约畜产品质量安全的重要因素——动物疫病防控为视角，重点分析中国动物疫病防控的形势及存在的主要问题，并借鉴国外畜牧发达国家的成功经验，以期提出推进中国畜产品质量安全水平提升的动物疫病防控策略和政策建议。

为了做好这次研究，项目组成员开展了广泛而深入的调研，先后到 2008 年和 2012 年曾暴发高致病性禽流感的宁夏回族自治区固原市原州区杨郎镇、贵湘交界的动物疫病防控重点地区贵州省松桃市以及为防止疫病传播而行将转型的广州市白云区嘉禾畜禽交易市场和以提升畜禽粪污无害化处理水平促进动物疫病防控的安徽省霍山县等地实际了解生产一线的动物疫病防控情况。通过调研，初步厘清了研究思路，实地了解了中国基层队伍动物疫病防控体系的实际运行情况，为项目的顺利开展积累了大量的第一手资料。

通过调研，项目组初步判断：散养农户的动物疫病防控意识相对淡薄、基层防疫体系支撑能力有限、合作防疫机制亟待建立。为此，项目组选取了具有较强代表性的山东省和辽宁省，委托山东农业大学经济管理学院王士海博士和沈阳农业大学经济管理学院潘春玲博士的团队，进行了 210 个养殖农户的调研，两位博士的团队克服了种种困难，收集了较为准确的数据，为下一步的统计分析奠定了良好的基础。

此次研究得到了一些研究结论，也发表了一些文章，由于时间紧张，未能深思熟虑，研究的深度和广度也不甚理想，但是团队的每个成员都倾注了心血，做出了努力，虽然成果不突出，但毕竟积累了经验，增长了见识，为以后的深入研究做好了铺垫。特别值得一提的是，硕士研究生白裕兵自始至终参与了此次研究的每个环节，非常辛苦，项目组研究团队成员经常利用周末时间调研、讨论、分析、写作，应该达到了教学相长、互相促进、共同进步的效果。

遗憾也应该很多，一是未能尽大家所愿，完成一项完美的研究，发表几篇高水平的文章，提出具有良好可操作性和前瞻性的政策建议；二是未能实现项目立项的良好愿望，做到师长们要求的"研究有深度、建议有新意"；三是在研究中借鉴了很多同行专家的研究成果，用自己的语言做了描述，但是未能在书中穷尽其出处。

不管怎样，希望这份成果能给各位读者带来一点启发或帮助，如果这些研究成果可以称作砖，希望能引来各位读者的玉，只有这样，中国的畜牧经济研究才能常干常新，才能为现代畜牧业发展添砖加瓦。

以此为序。

浦华

2013 年 9 月

目　　录

第一部分 中国动物疫病防控若干问题研究

概　论

改革开放以来，中国的畜牧业得到了空前的发展，取得了巨大成就。中国已成为世界上畜牧养殖数量最大的国家，禽和猪的饲养量分别占世界的80%和50%左右。养殖业成为中国国民经济的重要组成部分，2011年中国畜牧业产值首次突破2.5万亿元大关，占农业总产值32%，过去20年间中国的肉类总产量增加了4倍多，对农村经济发展、农民致富、城乡居民营养保障具有举足轻重的作用。不过，与欧美等发达国家50%以上的占有率相比，中国养殖业发展空间依然很大。随着中国经济社会发展，人口总量特别是城镇人口比重增加的趋势，对养殖业质、量双提高的增长要求都是刚性的。这种特点下，实现养殖业可持续发展目标，对动物卫生管理工作提出了更高要求。

宏观上，中国动物卫生管理工作秩序井然，成绩突出。2004年以来，中国坚持和完善春秋季防疫、疫情监测、日常监督执法、兽药残留监测等多项动物卫生管理措施，重大动物疫病流行强度明显减弱，多种动物疫病发病率、死亡率逐年降低，动物及动物产品检疫监管得力，畜产品质量稳步提升。2008年底，中国基本完成兽医机构改革，形成了行政管理、行政执法、技术支持三大机构体系，人员和资金增加，各级畜牧兽医站普遍健全，村级动物防疫员网络初步建立，公共财政保障机制基本建立。2009年来，中国官方兽医认证、执业兽医考试、乡村兽医培训等工作扎实开展、稳步推进。

微观上，中国动物生产中还存在一些瓶颈和困难，不少问题迫切需要解决。一是商品代饲养场户特别是农户不太注重"引种"渠道的选择、防疫基础设施建设积极性不高，城镇、公路扩张使部分养殖场生物安全受威胁。二是国家尚未制定免疫退出计划，基层未将畜禽标识纳入养殖档案管理范畴，散户免疫存"漏免"。三是农民缺乏系统有效的养殖、防疫培训，自制饲料缺乏政府监管监测，较多农户对兽药（含药用饲料添加剂）使用规范、休药期及残留危害缺乏了解，普遍使用抗生素，部分限用兽药也有使用。四是各地产地检疫中普遍存在养殖场户法制观念不强逃避检疫、产地检疫工作人员少、部分检疫人员素质不高、检疫设施设备落后、检疫工作程序不规范等问题。五是政府对重大动物疫病的扑杀采取了补贴措施，但补贴标准普遍较低，且对畜禽零星死亡没有补助，导致部分养殖户将病死动物乱抛乱丢或非法贩卖。

国际间，中国动物卫生管理与欧美发达国家还存在一定差距。一是法律法规方面，欧美在法律法规的基础上制定了一系列的规程、标准、手册、指令，以便实施动物卫生检验及监测计划时具有完备的规定、规范，除了完善的动物卫生法律法规外，对兽医也有法律条文规定。二是官方兽医制度建设方面，欧美国家实行兽医垂直管理和各州共管的制度，首席兽医官统领全国兽医工作，州县的官方兽医都由国家首席兽医官通管，而不受地方当局领导，以保证公正性。三是财政支持方面，欧美疫病防控经费由政府主要承担的同时，建立有多方合作的防控基金，有养殖户、协会、企业、保险公司、地方政府、中央政府等多主体参与，养殖者在遭遇疫病风险时，能得到政府及时、合理的补贴。

通过研究，提出建议如下：①科学界定官方兽医职能和权责并写入《兽医法》，实行省级以下垂直管理的兽医官制度，尽快完善执业兽医制度，加大基层兽医培训力度，提高基层动物防疫人员工作补助；②强化日常防控措施，实施种畜禽场疫病净化计划，推行生物安全隔离区评估认证，将生物安全体系好坏纳入标准场考核指标，有序减少活畜禽跨区流通和关闭活禽交易市场；③加强农户技术服务，对养殖大户和创业户按期培训，探索与各级龙头企业合作，努力构建"企业＋养殖基地"、"企业＋合作社"等屠宰动物来源明确型肉蛋奶供应商；④建立两种市场准入，即市场销售方准入、流通经纪人准入，逐步引导农户养殖必须依托于养殖合作社、家庭农场、养殖企业等持证法人单位进行市场销售，畜禽流通经纪人上岗证由农业部门管理，经纪人分属不同屠宰企业，经纪人违法连带追究屠宰企业责任；⑤强化疫情监测、饲料质量监测、兽药残留监测三大安全监测，特别是有待扩大饲料监测范围，覆盖养殖场户自制饲料；⑥增加农户养殖补助，扩大病死动物无害化处理补助范围，逐步实现畜禽扑杀按市价补助。

第一篇　中国动物卫生管理体系

一、兽医管理体制改革

2005 年 5 月 14 日国务院出台了《关于推进兽医管理体制改革的若干意见》，对兽医管理体制改革做出了全面部署。之后，农业部和各级兽医部门按照中央部署进行了管理体制改革，取得显著成效。到 2008 年底，中国基本完成兽医机构改革。

1. 中央级兽医机构改革

中央级兽医管理体制改革在 2008 年底全部到位。2004 年 7 月农业部成立兽医局，具体负责动物疫病预防控制和动物防疫执法工作。同时，设立国家首席兽医师，根据授权处理国际动物卫生事务、签发有关动物卫生证书。2008 年，为进一步推进兽医科技事业发展，加强与有关国家和国际组织的合作与交流，兽医局增设科技和国际合作处。2006 年成立中国动物疫病预防控制中心、中国动物流行病学中心和中国兽医药品监察所 3 个事业单位作为中央级兽医技术支持机构，同时建设了一批专业实验室。

2. 地方兽医机构改革

全国 31 个省、自治区、直辖市完成省本级兽医工作机构改革调整，组建了省级兽医行政管理、动物卫生监督和动物疫病预防控制机构。地市级、县级兽医机构改革基本到位，乡镇畜牧兽医站普遍健全，村级动物防疫员网络初步建立。在进度上，2008 年，全国 333 个地市中 295 个已完成地市本级兽医机构改革，占 88.6%；2 862 个县（市、区）已全面完成县本级兽医机构改革的有 1 816 个，占 63.5%；全国 37 033 个乡（镇），按乡镇或者区域设置乡镇畜牧兽医站 34 196 个，已完成改革的乡镇畜牧兽医站 22 086 个，占 64.6%；全国 640 139 个行政村，共设有村级动物防疫员 64.5 万人。

2009 年，全国 95.8% 的地市、88.7% 的县区和 81.6% 的乡镇完成兽医管理体制改革。

3. 中国兽医机构体制改革取得的主要成效

一是增加人员编制，兽医工作力量得到显著增强。截至 2008 年年底，全国省（自治区、直辖市）级兽医行政管理机构人员编制增加 169 个，增幅为 24%；地（市）级兽医行政管理机构、动物卫生监督机构和动物疫病预防控制机构编制分别增长 43.5%、16.3%、6.6%；县（市）级兽医行政管理机构人员编制增长 28.4%，动物卫生监督机构和动物疫病预防控制机构人员编制共增长 20.3%。二是加大动物经费投入，兽医公共财政保障机制基本建立。已完成改革的各级兽医行政管理、动物卫生监督、疫病预防控制机构和乡镇畜牧兽医站所需经费基本上已按要求纳入各级财政预算，实行统一管理，且经费投入都比改革前有所增加。例如，截止到 2008 年底，实行全额预算管理的地级和县级动物疫病预防控制机构分别比改革前增加了 81 个和 675 个，分别增长 38.4% 和 61.2%；实行差额补贴的地级和县级动物疫病预防控制机构分别比改革前减少了 27 个和 243 个，分别减少 90% 和 86.5%。

二、现行动物卫生管理机构

经过 2005—2008 年的兽医管理体制改革，形成了行政管理、行政执法、技术支持三大机构体系（图 1-1），初步建立了机构健全、职责明确、运转高效、素质优良的兽医管理体制和运行机制，并在 2009 年至今不断深化兽医管理体制改革。

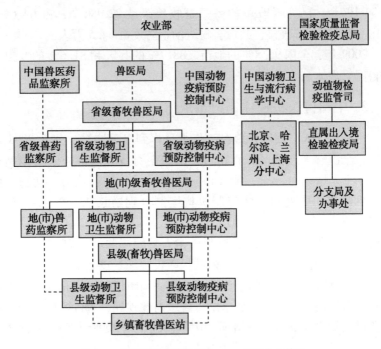

注：——表示隶属或领导关系；……表示业务关系

图1-1　中国兽医体系结构图

1. 兽医行政管理机构

（1）中央兽医行政管理机构

中国兽医行政管理机构可分为中央行政管理机构和地方行政管理机构。农业部设立国家首席兽医官和兽医局，具体负责全国兽医行政管理事务。兽医局内设综合处、医政处、科技与国际合作处、防疫处、检疫监督处、药政药械处6个处室。主要职能包括如下。

拟订动物防疫、检疫、医政、兽药及兽医器械发展战略、政策、规划和计划并指导实施；起草有关法律、法规、规章并监督实施。

负责动物疫病防治工作。拟订重大动物疫病防治政策和国家控制扑灭计划，并组织实施；组织外来动物疫病及新发动物疫病防治工作；负责动物疫病区域化管理工作；负责动物防疫应急管理。

负责动物疫情管理工作，组织动物疫病监测和风险评估，发布预警信息和疫情信息。

负责动物卫生监督管理，组织动物及动物产品检验检疫、动物防疫条件审核、动物标识及动物产品可追溯管理；负责动物卫生监督执法工作。

负责兽医医政和兽药药政药检工作。负责官方兽医、执业兽医及其他兽医从业人员管理；负责动物诊疗机构管理。

负责兽医及兽药相关实验室、检验机构管理；负责国家兽医参考实验室、兽药检验和安全性评价机构资格认定；负责动物病原微生物和实验室生物安全管理。

负责兽药、兽医器械研制、生产、经营、使用及进出口监督管理；负责药物饲料添加剂、禁止使用的药品及其他化合物的监督管理，提出国家兽药残留监控计划并组织实施。

提出兽医科研、技术推广项目建议，承担重大科研、推广项目的遴选及组织实施工作；组织拟订动物卫生、兽医器械相关标准和技术规范，拟订并实施兽药、兽药残留限量和残留检测方法国家标准；组织实施兽医标准化工作。

承办政府间兽医双边、多边协议、协定的谈判和签署工作；承办与世界动物卫生组织等国际组织兽医交流与合作，提出动物卫生技术性措施建议；承担世界动物卫生组织涉及动物福利的相关工作；承办《禁止生物武器公约》等履约的相关工作。

分析评估国（境）外有关动物卫生信息；承办确定和调整禁止入境的动物及动物产品名录；承办制定并发布动物及动物产品出入境禁令、解禁令等相关工作。

编制兽医领域基本建设规划，提出项目安排建议并组织实施；编制本领域财政专项规划，提出部门预算和专项转移支付安排建议并组织或指导实施。

负责中国兽医行政管理工作。

（2）地方兽医行政管理机构

全国各省、市、县均设有畜牧兽医行政管理部门，负责辖区内动物防疫、检疫、兽药管理、残留控制等兽医行政管理工作。2008年省、市、县三级兽医行政管理机构工作人员共有26 550人（表1-1），到2011年底约有3.4万人，人员数量进一步加强。

表1-1　中国省、市、县三级兽医行政管理机构及人员结构

年度		省级	地市级	县级	总计
2008	机构数	31	295	1 816	2 142
	人员数	874	4 087	21 589	26 550

数据来源：《中国动物卫生状况报告》

2. 兽医行政执法机构

中国境内动物及动物产品检疫等行政执法工作由省、地（市）、县三级动物卫生监督管理机构负责。执法队伍人员数量逐年加强，县级派出机构得到扩大，各级总人数稳定在15万余人（表1-2）。从事检疫和从事动物卫生监督的人员分别专职化。以2011年为例，全国各级动物卫生监督机构从事检疫的有122 204人，从事动物卫生监督工作的有26 925人。

表1-2　中国省、市、县三级动物卫生监督管机构及人员结构

年度		省级	地市级	县级	县级派出	总计
2008	机构数量	35	383	3 254	21 932	
	人员数量	1 436	7 689	48 338	97 255	154 718
2009	机构数量	31	365	3 259	25 385	
	人员数量	1 321	7 552	46 464	103 024	158 361
2010	机构数量	31	363	3 238	25 661	
	人员数量	1 344	7 304	46 002	103 405	158 055
2011	机构数量	32	360	3 193	24 513	
	人员数量	1 361	7 115	45 754	98 760	152 990

数据来源：《中国畜牧业年鉴》

3. 兽医技术支持机构

兽医技术支持机构主要承担动物疫病诊断、监测、流行病学调查、兽医科学研究等兽医技术支持、服务工作。

（1）中央级

国家级兽医技术支持机构主要包括：中国动物疫病预防控制中心、中国兽医药品监察所和中国动物卫生与流行病学中心3个农业部直属事业单位；禽流感、口蹄疫和牛海绵状脑病等3个国家兽医参考实验室；猪瘟、新城疫和牛传染性胸膜肺炎等国家重点诊断实验室。其中，中国动物疫病预防控制中心承担全国动物疫情分析、处理，重大动物疫病防控，畜禽产品质量安全检测和全国动物卫生监督等工作；中国兽医药品监察所（农业部兽药评审中心）承担兽药评审，兽药药械质量监督、兽药药械检验和兽药残留检测、菌（毒）种保藏以及兽药国家标准的制修订、标准品和对照品制备标定等工作。

（2）地方

全国各省、市、县均设立了动物疫病预防控制机构，承担动物疫病的监测、检测、诊断、流行病学调查、疫情报告以及其他预防、控制等技术工作。2008年省、市、县三级动物疫病预防机构工作人员共有24 358人（表1-3），到2011年底约有3.7万人，人员数量进一步加强。

表1-3 中国省、市、县三级动物疫病预防机构及人员结构

年度		省级	地市级	县级	总计
2008	机构数量	31	295	1 816	2 142
	人员数量	1 685	4 175	18 498	24 358

数据来源：《中国动物卫生状况报告》

基层兽医服务体系由乡镇畜牧兽医站和村级防疫员队伍构成。乡镇畜牧兽医站承担动物防疫和公益性技术推广服务等职能。《中国动物卫生状况报告》显示，2008年全国设立了36 875个乡镇畜牧兽医站，共有工作人员138 749人，截止到2011年年底全国共有34 616个

乡镇畜牧兽医站，共核定编制 15.5 万人，机构精简、人员加强。村级防疫员承担免疫注射、畜禽标识加挂、免疫档案建立和动物疫情报告等工作。《中国畜牧业年鉴》显示，从 2008 年到 2011 年，村级防疫员总人数稳定，每年全国共有村级防疫员 64.5 万人。

（3）其他

农业部在全国设立了 304 个国家疫情测报站，在边境地区设立了 146 个国家边境疫情监测站。国家动物疫情测报站主要承担农业部和所在省级兽医主管部门下达的动物疫情监测和流行病学调查等任务；国家边境动物疫情监测站主要承担边境区域相关动物疫情监测和流行病学调查等任务。

中国近 40 所高等农业院校设有兽医学院，每年为动物卫生行业培养近 4 000 名高素质兽医人才。中央、省、地（市）三级农业科研机构多数设有兽医科研部门。全国共有 270 多个兽医实验室。

三、中国动物卫生管理成效

兽医管理体制改革为做好动物卫生工作提供了坚强的组织保障。通过改革，中国动物防疫体系逐步健全，兽医工作力量明显增强，动物卫生管理能力不断提高，在动物疫病防控和畜产品质量安全保障上取得了显著成效。

1. 有力保障了畜产品的供给

近年来，中国动物及动物产品生产量持续稳健增长，2011 年中国猪、牛、羊、家禽的全年出栏量分别为 66 170 万头、4 670 万头、26 662 万只、113 亿只，年末存栏量分别为 46 766 万头、10 360 万头、28 236 万只、56 亿只；猪肉、牛肉、羊肉、禽肉的产量分别为 5 053 万吨、647 万吨、393 万吨、1 708 万吨，禽蛋 2 811 万吨，牛奶 3 658 万吨（图 1 - 2、图 1 - 3）。

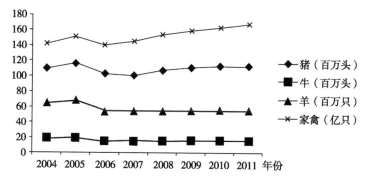

图 1-2 2004—2011 年中国畜禽全年出栏与年末存栏之和

数据来源:《中国畜牧业年鉴》

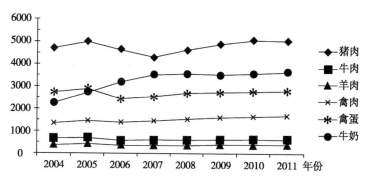

图 1-3 2004—2011 年中国主要动物产品产量（万吨）

数据来源:《中国畜牧业年鉴》

2. 重大动物疫病防控取得重要进展

在党中央、国务院的坚强领导下，各级兽医部门奋力工作，中国动物疫病防控成效显著。与前些年（特别是兽医体制改革前）相比，中国重大动物疫病流行强度明显减弱、发病频次大幅降低、发病范围显著缩小，新发疫病、跨界疫病得到迅速扑灭和有效控制。

在各类动物及动物产品生产量稳定增长的情况下，相应动物疫病发病量、死亡量稳中有降，充分说明兽医工作得力对畜牧业发展和肉蛋奶供给发挥了十分重要的作用。

（1）高致病性禽流感

2012 年宁夏、甘肃、新疆、广东发生 4 起家禽 H5N1 型高致病性禽流感疫情，发病家禽 49 630 只，死亡 18 628 只，扑杀 1 711 889 只。

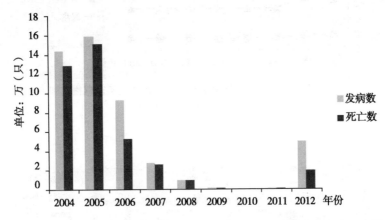

图 1 - 4   2004—2012 年中国高致病性禽流感疫情引起家禽发病数和死亡数

数据来源：《兽医公报》

（2）口蹄疫

2012 年，全国共有湖北、宁夏、西藏、辽宁、江苏等 5 个省（自治区）发生 5 起"O 型"口蹄疫疫情，发病牲畜 365 头，扑杀 3 557 头。全年未报告发生"A 型"口蹄疫和"亚洲 I 型"口蹄疫。据国家口蹄疫参考实验室分析，2010 年中国"O 型"口蹄疫疫情病原为缅甸 98 谱系病毒，该病毒与缅甸、泰国等东南亚国家流行株高度同源，初步判断为东南亚国家传入。由表 1 - 4 可见，"O 型"口蹄疫疫情起数、发病数等均大幅降低，疫情得到有效控制。

表 1 - 4 2006—2012 年中国口蹄疫暴发情况一览表

年度	省份	起数	血清型	发病数（只）	扑杀数（只）
2006	苏、宁、甘、青、鄂、藏、渝	15	亚洲 I	731	2 114
2007	甘、青、新	8	亚洲 I	157	1 077
2008	新、宁、甘	3	亚洲 I	123	464
2009	蒙、川、贵、陕、新、湘、桂	7	亚洲 I	212	1 761
	鄂、沪、苏、桂、贵、鲁、新	7	A	279	2 059
2010	新	2	A	54	206
	京、新、粤、晋、赣、甘、贵、宁、藏、青	17	O	3 943	12 116
2011	新、贵、藏、宁	9	O	823	7 753
2012	鄂、宁、藏、辽、苏	5	O	365	3 557

数据来源：《兽医公报》

（3）高致病性猪蓝耳病

2006 年，高致病性猪蓝耳病变异株出现。2006 年 6 ~ 7 月，猪高热病疫情首先在赣北、皖南发生，并在较短时间内扩散到湘、苏、豫、浙、沪等省市，造成散养育肥猪大量死亡，10 月以后在北方和南方规模化猪场发生群发疫情，波及所有日龄的猪群，全年发病数 379.8 万头，死亡数 99.2 万头。

2008 年以来，中国高致病性猪蓝耳病范围显著缩小，疫点数、发病数均逐年下降，流行强度明显减弱，暴发流行趋势已得到基本遏制。2011 年全国仅贵州、湖北发生 2 起高致病性猪蓝耳病疫情（表 1 - 5）。

表 1 - 5 2006—2012 年中国高致病性猪蓝耳病暴发情况一览表

年度	地点（省份简称）	疫点数	发病数（只）	死亡数（只）	扑杀数（只）
2007	除鲁、川、吉、黑 4 省外的 27 省份	1 042	313 275	82 794	238 820
2008	贵、桂、粤、新、赣、甘、宁、鄂	57	7 648	2 908	10 268
2009	晋、鄂、湘、藏、赣、甘、粤	13	8 779	3 459	9 248
2010	甘、豫、鄂	7	6 508	1 733	6 799
2011	贵、鄂	2	668	51	646

数据来源：《中国畜牧业年鉴》

（4）猪瘟

2009 年以来，中国猪瘟疫情得到明显缓解，疫点数、发病数、死亡数均逐年下降。2012 年，全国只有广西、云南、陕西、安徽、贵州、甘肃等 6 个省（自治区）发生猪瘟疫情，发病猪 1 048 头，死亡 654 头，扑杀 58 头（表 1-6）。

表 1-6　2008—2012 年中国猪瘟暴发情况一览表

年度	省份数	发病数（只）	死亡数（只）	扑杀数（只）
2008	18	7 648	2 908	10 268
2009	16	39 268	13 596	2 613
2010	17	9 863	5 285	862
2011	13	4 538	1 559	1 087
2012	6	1 048	654	58

数据来源：《兽医公报》

（5）新城疫

2008 年以来，中国新城疫疫情整体呈现稳中有降的态势。2012 年疫点数、发病数、死亡数稍有反弹，全国共有 13 个省（自治区、直辖市）发生新城疫疫情，发病禽 102 122 只，死亡 50 116 只，扑杀 114 632 只（表 1-7）。

表 1-7　2008—2012 年中国新城疫暴发情况一览表

年度	省份数	发病数（只）	死亡数（只）	扑杀数（只）
2008	18	595 201	261 429	127 811
2009	15	302 202	139 786	35 367
2010	16	164 571	89 890	20 020
2011	12	46 671	26 011	10 841
2012	13	102 122	50 116	114 632

数据来源：《兽医公报》

（6）布氏杆菌病

2008 年—2011 年，中国布氏杆菌病疫情稳中有升，2012 年疫情有所缓解，较 2011 年发生省份数、发病牲畜数均有所下降，未报告牛发生布氏杆菌病。2012 年，全国共有 13 个省（自治区、直辖市）发生布氏杆菌病疫情，发病牲畜 81 906 头（只），死亡 434 头（只），扑杀 81 917 头（只）（表 1 - 8）。

表 1 - 8　2008—2012 年中国布氏杆菌病暴发情况一览表

年度	省份数	畜种	发病数（只）	死亡数（只）	扑杀数（只）
2008	15	牛、羊	3 138	1	3 092
2009	16	牛、羊	4 673	156	4 186
2010	19	牛、羊	8 448	106	4 992
2011	20	牛、羊	125 030	127	119 552
2012	13	羊	81 906	434	81 917

数据来源：《兽医公报》

（7）小反刍兽疫

2007 年 7 月中旬，西藏阿里地区革吉、日土、札达、改则等 4 个县先后发生小反刍兽疫疫情，累计发病羊 6 122 只，死亡 1 888 只，扑杀 105 277 只。2008 年 6 月，西藏那曲地区尼玛县发生小反刍兽疫疫情，病羊及同群羊合计 6 690 只。2010 年 5 月，西藏阿里地区日土县发生小反刍兽疫疫情，发病羊 133 只，死亡 69 只，扑杀 1 094 只。截至 2012 年年底，中国未再发生小反刍兽疫疫情，小反刍兽疫有效控制在西藏境内。

（8）其他疫病

《兽医公报》数据显示，近年狂犬病、炭疽、猪链球菌、猪丹毒、猪肺疫、猪普通蓝耳病、猪囊虫病、鸭瘟、禽霍乱、鸡马立克氏病、兔出血热等疫病疫情省份数和发病数均呈持续下降趋势；蓝舌病、马传染性贫血、鼻疽等多种疫病未发生；猪水泡病、非洲猪瘟等多种疫病从未在中国境内发生。另外，中国在 1955 年消灭牛瘟，1996 年消灭牛肺疫，世界动物卫生组织（OIE）于 2008 年通过决议认可中国为无牛瘟国家，2011 年认可中国为无牛肺疫国家。

3. 畜产品质量安全

畜产品质量安全是指畜产品质量符合保障人的健康、安全的要求，不应含有可能损害或威胁人体健康的因素，不应导致消费者急性或慢性毒害或感染疾病，或产生危及消费者及其后代健康的隐患。相对判定动物是否发病，判定畜产品是否安全需要大量的量化标准，涉及畜产品中各种生物性病原、化学性有害物质，涉及面广、环节多，因此畜产品质量安全是一个动态发展的概念。

目前中国的畜产品质量安全管理主要由畜牧兽医部门会同卫生、工商、质检、工信、公安等有关部门共同负责，而兽医部门的畜产品质量安全保障工作主要包括：①兽药全程管理，包括养殖环节化学药品（含药用饲料添加剂）使用监管、兽药残留监控等等；②动物及动物产品检疫监管，包括动物产地检疫、公路动物卫生监督检查站监督检查、屠宰检疫以及动物和动物产品交易市场监督检查等；③督导养殖流通环节病死动物和检疫不合格动物及动物产品无害化处理。

按照党中央、国务院的总体部署，农业部提出了"两个努力确保"，即努力确保不发生区域性重大动物疫情，努力确保不发生重大农产品质量安全事件。对于动物卫生管理而言，管理成就不仅体现在动物疫病防控上，也体现在保障畜产品质量安全上。除2008年三聚氰胺事件外，近年来中国未发生重大畜产品质量安全事件。经过日常监管、专项整治，肉蛋奶质量得到不同程度提升。

（1）畜产品质量稳步提升

乳品质量水平处于历史最好。2008—2012年农业部门平均每年累计抽检生鲜乳样品1.11万批次，其中生鲜乳收购站9 800批次、运输车1 600批次，三聚氰胺检测合格率连续4年保持100%，其他非法添加物检出率逐年降低。

肉品生产非法使用"瘦肉精"问题得到有效遏制。以2011年为例，全年累计抽检活畜尿样等样品848万批次，"瘦肉精"检测合格率达99.98%。"瘦肉精"专项整顿取得明显成效，侦破案件125余起，抓获违法犯罪嫌疑人980余人，打掉"瘦肉精"非法生产线12条、制售窝点19个，地下非法生产销售网络基本被摧毁。

兽药残留抽检合格率平稳提高（表1-9）。在2006、2007年中国兽药残留监控工作得到欧盟和美国FDA认可基础上，2008年起农业部加大了兽药使用监管和动物产品兽药残留监控的力度。组织开展兽药使用专项整治，监督指导养殖企业和农户建立用药记录制度，完善兽药使用档案，严格执行休药期规定；加大兽药法律法规和科普知识宣传力度，普及安全用药知识；按照国际兽药残留监控计划，扩大兽药残留抽检范围和批次，建立残留超标产品追溯制度。

表 1－9　2006—2011 年中国兽药残留检测结果情况

年度	检测批数	抽检合格率
2006	17 598	97.80%
2007	17 602	99.58%
2008	11 975	99.93%
2009	11 015	99.72%
2010	11 418	99.87%
2011	14 275	99.96%

数据来源：《中国畜牧业年鉴》

（2）动物及动物产品检疫监管得力

通过兽医管理体制改革，中国动物卫生监督执法体系得到完善，动物及动物产品检疫监管更加规范，产地检疫村级开展面逐年提高（表 1－10），由动物卫生监督机构实施检疫或监督的屠宰场、交易市场、仓储场所、加工场所占各类场所总数的比率不断提升（表 1－11），运输环节监督检出违法车船及产品占检查总数的比率总体平稳（表 1－12），染疫动物、有害动物产品全部按有关规定处理（表 1－13），有力地保障了全国各地畜产品质量安全。

表 1－10　2008—2011 年中国各类动物产地检疫村级开展面

年度	生猪	牛	羊	禽类	其他动物
2008	94.91%	92.60%	91.51%	91.87%	63.04%
2009	96.56%	93.60%	92.71%	93.72%	76.97%
2010	96.56%	93.60%	92.71%	93.72%	76.97%
2011	97.12%	95.13%	94.41%	95.54%	80.51%

数据来源：《中国畜牧业年鉴》

表 1 - 11   2008—2011 年中国屠宰检疫及交易环节监督覆盖率

年度	屠宰场	交易市场	仓储场所	加工场所
2008	98.15%	97.91%	97.49%	95.91%
2009	98.58%	95.71%	95.85%	93.09%
2010	99.61%	97.64%	96.79%	93.74%
2011	99.65%	97.42%	97.00%	96.44%

数据来源:《中国畜牧业年鉴》

表 1 - 12   2008—2011 年中国运输环节违法车船及产品检出率

年度	车船	动物	动物产品	动物副产品
2008	4.26%	2.72%	1.29%	4.30%
2009	4.28%	6.09%	0.57%	7.20%
2010	5.72%	—	1.45%	3.21%
2011	4.67%	—	—	—

数据来源:《中国畜牧业年鉴》数据折算,"—"表示未查找到相关数据

表 1 - 13   2008—2011 年中国各类动物及动物产品无害化处理情况

年度	生猪/万头	牛/万头	羊/万头	禽类/万只	肉类产品/吨	蛋/万枚
2008	121.8	21.5	31.2	473.8	4 322.4	19.5
2009	92.6	4.8	5.9	653.0	7 014.9	4.5
2010	79.4	3.4	4.8	1 183.5	6 609.0	—
2011	111.1	2.1	8.2	729.5	6 518.0	3.9

数据来源:《中国畜牧业年鉴》,"—"表示未查找到相关数据

(3) 圆满完成各项重大活动畜产品安全供给

2008 年,圆满完成北京奥运会畜产品安全供给。2008 年 4 月农业部制定下发《奥运期间动物卫生及动物产品安全监管工作方案》,各级动物卫生监督机构按照方案要求,对涉及奥运会产品供给的饲养、屠宰、经营、隔离、运输以及动物产品生产、储藏等环节实行 100% 的全面检疫监管;对涉及奥运会产品供给动物及动物产品全部实施产地检疫、屠宰检疫,实现动物产品可追溯管理;对涉及奥运会产品供给动物规模养殖基地、动物屠宰加工企业、冷库进行登记注

册，对 150 多个供奥基地实现专人监管、驻场监督。做好活禽市场监管，强化流通环节动物卫生及动物产品质量安全监管，公路动物卫生检查站实行 24 小时值班，由此确保了奥运期间无动物产品质量安全事件发生。

2009 年，圆满完成新中国成立 60 周年大庆期间动物产品卫生安全保障工作。农业部门积极协助解放军总后勤部，加强对供受阅部队动物产品的卫生监管，保障节日期间全国畜产品安全，特别是受阅部队全体官兵的动物性食品卫生安全。

2010 年，圆满完成上海世博会和广州亚运会畜产品安全供给。在上海世博会和广州亚运会期间，农业部门制定了动物卫生监管工作方案，对供世博会、亚运会养殖基地、屠宰加工企业实现备案登记管理，实施养殖基地、屠宰加工企业、冷库、运输和仓储等环节全程监管。

2011 年，圆满完成上海第 14 届国际泳联世界锦标赛和深圳第 26 届世界大学生夏季运动会动物卫生专项保障任务。

四、中国采取的主要动物卫生管理措施

近年中国动物卫生管理取得卓越成效，不仅得益于兽医管理体制改革，也在于坚持和完善了许多关键性、经验性的动物卫生管理措施。

1. 春秋季防疫

（1）中国坚持和完善了动物疫病免疫工作

为防止重大动物疫病发生和流行，中国实行预防为主、免疫与扑杀相结合的综合防控政策。作为重要的预防手段，疫苗免疫历来受到兽医部门高度重视。虽然个别年份（如 2000 年）个别地方受政府机构改革等因素影响，但春秋季防疫工作从 20 世纪 50 年代起至今，在全国范围内从未间断。在一些防疫人员充足的县市，还在春秋免疫的基础上积极推行常年免疫，取得了更优的防控效果。因此，近年来农

业部在相关通知中也强调，按照国家动物疫病强制免疫计划，抓好春秋两季集中免疫，加强日常补免，尽力做到"应免尽免、不留空当"。

春秋季防疫的重点是被国家实行"疫苗政府购买、强制养殖户场免疫"的疫病以及一些其他重大动物疫病。基于危害养殖业生产和人体健康的严重性，目前中国实施强制免疫的动物疫病有：高致病性禽流感、高致病性猪蓝耳病、口蹄疫、猪瘟、小反刍兽疫（受威胁地区所有羊）5种。

为完善强制免疫工作，各地按照国家动物疫病强制免疫计划要求，结合本地实际，及时制定本省（自治区、直辖市）强制免疫计划实施方案。中国动物疫病预防控制中心首先在春秋两季集中免疫工作开展前组织免疫技术师资培训。各地组织好乡镇及村级防疫员免疫技术培训，规范免疫操作。加强疫苗的运输和保存管理，保证疫苗质量。其次，实行免疫档案建立制度，各地对养殖户畜禽存栏、出栏及免疫等情况详细记录，乡镇畜牧兽医站、基层防疫员、养殖场（户）有免疫记录，免疫家畜有二维码标识（免疫标识制度始于2001年），记录与标识相符。再次，实行免疫信息报告，各地对疫苗采购和免疫情况实行月报制度，在春秋两季集中免疫期间，对免疫进展实行周报告制度，突发重大动物疫情对紧急免疫情况实行日报告制度，及时报告给中国动物疫病预防控制中心。

（2）近年来免疫工作的完善取得良好实施效果

2006年，中国大范围暴发高致病性蓝耳病疫情，国家及时研发高致病性蓝耳病疫苗，并实行强制免疫，成功缩小疫情范围、大幅降低发病数（表1-5），有效遏制住了该病暴发流行的趋势，稳定了生猪生产及产品的市场供应。

2013年，中国出现"黄浦江漂猪"这一重大新闻事件，有关部门通过免疫二维码标识迅速追溯到部分死猪来源，迅速查明了当地大量仔猪死亡并非重大动物疫病、人畜共患病引起，而是由当地雨雪寒潮导致仔猪抵抗力下降、圆环病毒感染和腹泻等常见病引起。可见，免疫档案建立制度建设中配套施加的免疫标识，提高了政府回应公众的效率和透明度，增强了动物卫生属地管理的责任依据。

2. 疫情监测

（1）中国动物疫情监测发展进程

早在 1985 年，即有学者介绍国外的动物疫病监测经验，提出积极开展对中国动物疫病的监测工作，但那时疫病监测未成体系。1995年，为加强国内动物疫病监测能力，改变动物防疫监督机构由于缺乏疫病监测手段和配套设施而不能及时预测预报疫情的局面，农业部牵头开始在全国建设动物疫情测报站，到 2000 年底建成了 264 个。2002 年，由中央、省、县三级动物疫情测报（监测）中心（站）及技术支撑单位组成的国家动物疫情测报体系基本建成，为此农业部发布了国家动物疫情测报体系管理规范，以科学、全面、准确地开展动物疫情测报工作。

为加快动物疫情信息传递，2001 年开始在全国实施动物防疫计算机网络化建设，到 2005 年全国所有的县已经可以直接与农业部联网。2005 年，农业部要求进一步完善疫情报告网络，村村设立动物疫情报告观察员。农业部针对不同动物疫情建立了快报、旬报、月报制度。此外，每月农业部以《兽医公报》的形式向社会和有关国际组织通报动物疫情信息。2008 年，农业部进一步健全疫情监测体系（图 1-5），严格执行疫情举报核查制度，及时向社会公布了农业部及各地动物防疫举报电话。

（2）疫情监测取得的良好实施效果

疫情监测为疫情处理提供了基础。2004 年中国突发 H5N1 型禽流感疫情，事先建成的动物疫情测报网络体系为国家应急处理、及时扑灭、有效控制此次突发疫情及后续疫情，提供了高效的组织和技术支持（图 1-6），并逐渐形成国家监测与地方监测相结合、集中监测与日常监测相结合、监测工作和免疫工作相结合、监测工作和应急处置相结合的疫病监测原则。

通过疫病报告和监测网络、系统，动物疫病发生前后，能够做到及时发现，迅速上报。例如，因国家设有举报核查制度，2008 年，

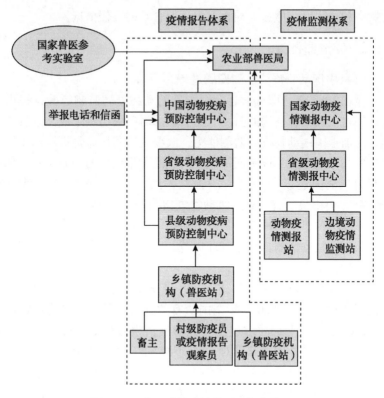

图 1 – 5   中国动物疫情监测和报告体系

农业部核查群众举报和新闻媒体反映的疫情 95 起。又如，在调研组调研的宁夏固原州杨郎村，因该村设有禽流感疫情监测点，2008 年，该村监测到禽流感阳性样品，及时处理阳性样品采样同群鸡，未发生禽流感疫情，保障了人畜健康，减小了病原扩散可能造成的经济损失。

3. 动物卫生监督执法

（1）动物卫生监督法规体系得以完善

1997 年中国通过了《动物防疫法》，之后各省（市、自治区）陆续出台了《动物防疫法》实施办法并适时修订。在 2001 年农业部

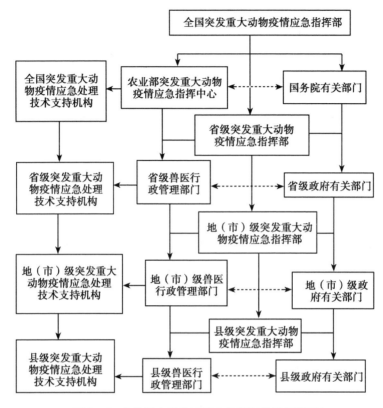

图1-6 突发重大动物疫情应急组织体系框架图

组织的调研中，基层动物卫生监督执法人员反映在执法过程中很难把握相应尺度，处罚难、执行难。2007年中国修订了《动物防疫法》，随后农业部先后制（修）定了《动物检疫管理办法》《动物防疫条件审查办法》《动物诊疗机构管理办法》《执业兽医管理办法》《乡村兽医管理办法》《无规定动物疫病区评估管理办法》《畜禽标识和养殖档案管理办法》和《动物跨省调运监督管理办法》等10余部配套规章，还发布实施了相关动物产地检疫和屠宰检疫操作规程，保证了动物卫生监督有法可依、有章可循，解决了执法过程中尺度难把握问题。

针对一些地方还存在个别畜牧兽医行政执法人员违反有关行业管理规定、不依法履职、不作为甚至乱作为的现象和造成的不良社会影响。2011年底，农业部做出了六条明确禁止性规定，即严禁只收费不检疫、严禁不检疫就出证、严禁重复检疫收费、严禁倒卖动物卫生证章标志、严禁不按规定实施饲料兽药质量监测、严禁发现违法行为不查处要求各地严格执行"六条禁令"，以禁令形式规范执法行为，保障畜产品安全和消费者健康。为此，农业部及各级畜牧兽医行政管理部门还公开了举报电话。

（2）动物卫生监督基础设施投入加大

《全国动物防疫体系建设规划》（一期建设时间为2004—2008年）实施后，国家在动物卫生监督执法基础设施方面累计投入12.75亿元基本建设资金，用于建设和完善31个省级、30个地市级、2 534个县级动物卫生监督机构和8个省际间动物卫生监督检查站，配备了现场调查取证、快速查验等检疫、监督设施设备。北京、上海、重庆、浙江等省（直辖市）地方投资总投入达4.6亿元。

（3）动物卫生监督合作和效率建设加快

近年来，为强化省际间动物及动物产品流通监管协作，华东、华南、华北、东北等区域动物卫生监督工作联防例会制度均已建立，有供沪动物及动物产品监管联防会议、北方8省动物卫生监督工作联席会议、南方9省重大动物疫病防控和畜产品质量安全监管联席会议等。此外，农业部门时常会同卫生、工商、商务、交通等部门联合进行专项整治。

为提高执法效率，中国动物卫生监督网进一步完善，覆盖至31个省级单位、362个市级单位、3 100个县级单位和1 038个公路检查站，全国动物卫生监督信息化管理体系已基本形成。北京、上海、重庆、浙江等省（直辖市）建立了动物流通监管信息化平台，黑龙江、河南等省开展了动物检疫电子出证工作。此外，各地还积极推进指定道口进入和重大活动检疫"双签"出证等监管制度。

4. 兽药残留监测

（1）中国兽药残留监测发展进程

中国自1999年起开始实施国家兽药残留监控计划。计划由残留办提出，农业部于每年年初下达，要求各省按计划实施检测，每季度汇总1次结果，并向农业部和全国兽药残留专家委员会报告。国家兽药残留监控计划主要针对中国禁用兽药和常用兽药品种进行监测。自2004年起，中国建立了残留超标样品追溯制度，要求各地对超标样品实施追加样品检测，采取后续处理措施，使得中国兽药残留监控计划逐步走向完善（图1-7）。

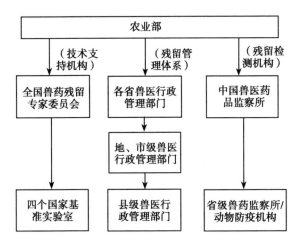

图1-7 中国兽药残留监控工作机构

为加强大中城市的食品安全监控，农业部还实施了无公害食品行动。在实施国家残留监控计划的同时，农业部还要求各省农业部门制定和实施本辖区残留监控计划，监控计划的样本数量不得低于国家监控计划在该地区抽样数量的20%，但实际上，各省的辖区计划数量大大超过这一要求。辖区计划的结果汇总和分析工作由本省兽药残留监测部门完成。对检测出现的阳性样品由省级兽医行政管理部门按

《兽药管理条例》的规定进行处理。

（2）中国兽药残留监测仍需完善

近年来，农业部不断加强兽药残留标准，公布禁用兽药清单、常用兽药和饲料药物添加剂停药期，初步建立起适合中国国情并与国际接轨的兽药残留监控法规体系。目前，中国规定兽药残留监管工作的主要法规为《兽药管理条例》。与兽药残留监控有关的法律有《食品安全法》《动物防疫法》《畜牧法》《农产品质量安全法》《标准化法》等。为配合法律法规的实施，农业部制定发布的配套部门规章有《允许作饲料药物添加剂的兽药品种及使用规定》《动物性食品中兽药最高残留限量》《兽药休药期规定》《中华人民共和国动物及动物源食品中残留物质监控计划》《官方取样程序》等。

但由于兽药残留监测起步较晚，与发达国家相比在工作条件、检测技术和监控能力上存在一定的差距。未来需要扩大监控规模，增加样本数（美国：200万，欧洲：大中动物1‰，中国：1万多），对监控计划进行科学分类（普查性计划和重点监控计划），完善后续处理措施、残留追溯、违规信息通报等工作。

第二篇　制约中国畜产品质量
安全的主要因素分析

　　中国动物疫病防控和畜产品质量安全保障虽然总体上取得了较大成就，积累了较多管理措施经验。但从微观层面去看，中国养殖户生产实践中、政府动物卫生管理中仍存在的很多问题，这些问题带有长期性、严峻性和艰巨性。下面将就在宁夏回族自治区、辽宁省、山东省、安徽省等地调研[1]发现的问题，按养殖生产环节进行论述。

一、引种与生物安全隔离

1. 畜禽种源净化任重而道远

　　随着畜牧业的规模化（图2-1）、集约化、福利化建设的推进，畜禽品种作为养殖环节中的基础环节，其质量优劣不仅决定了整个养殖环节的利益多少，而且也决定了畜禽产品的品质高低。同时，近年来由于畜禽引种导致的疾病防控难度在逐年加大。在最近20多年时间里，中国新的畜禽疫病增加了50多种，如鸡传染性法氏囊病、J型淋巴细胞白血病、猪伪狂犬病和猪蓝耳病等，是通过种畜禽的引进、畜产品、动物源性饲料和生物制品的进口等途径进入中国的。对国外新引进的畜禽进行一段时间的隔离和检测，可有效防止动物疫病传入种畜禽场。对种畜禽场开展疫病净化，可有效防止动物疫病传入

---

　　〔1〕　在宁夏固原实地访谈农户禽流感防控，在安徽霍山畜牧局农户座谈地方猪生态保护区建设和病畜禽处理，在辽宁、山东两省问卷调查养猪、养鸡农户全过程动物卫生情况。辽宁调研方式为3位老师带领6名研究生入户调查，山东调研方式为遴选70余名本科生电话或回乡调查。辽宁回收有效问卷110份，山东回收有效问卷100份。

商品代饲养场户。商品代饲养场户在购进畜禽时，选择无疫场，注意隔离观察，可有效防止动物疫病传入。

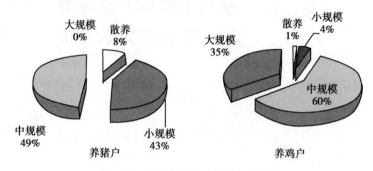

图 2 - 1 被访农户家庭养殖规模[1]

然而，国内存在一些种畜禽场垂直疫病较多，一时较难清除，甚至为节约成本对出售的畜仔禽苗不进行应有的程序免疫。商品代饲养场户特别是农户不太注重"引种"渠道的选择和隔离观察。

（1）农户种畜禽集市购买比重不低

由表 2 - 1、表 2 - 2 可见，山东省、辽宁省两地农户种畜禽来源途径都比较多样。靠亲戚朋友介绍而引入种畜禽的占比最高，约 30%。只在防疫部门指定场引入的农户约 12%。一般而言，集市购买带回疫病的风险最大，购销双方信任关系最差，出现种源疫病最难追溯卖方责任，但在集市购买的农户仍占到 14%，比重不低。

表 2 - 1 辽宁省农户种畜禽的来源情况

	集市购入	友邻场	亲戚朋友介绍	防疫部门指定场	养殖协会介绍	多种或其他	未作答
养猪户	10	21	25	6	0	5	9
养鸡户	6	8	13	5	1	0	0
合计	16	29	38	11	1	5	9
占比	14%	27%	34%	10%	1%	5%	9%

〔1〕 根据《2012 全国农产品成本收益资料汇编》附录中的饲养业品种规模分类标准，生猪养殖饲养数量≤30 头为散养，31～100 头为小规模，101～1 000 头为中等规模，>1 000 头为大规模；鸡只养殖饲养数量≤300 只的为散养，301～1 000 只为小规模养殖，1 001～10 000 只为中等规模，>10 000 只为大规模。

表2-2　山东省农户种畜禽的来源情况

	集市购入	友邻场	亲戚朋友介绍	防疫部门指定场	养殖协会介绍	多种或其他	未作答
养猪户	12	7	18	3	1	8	3
养鸡户	2	2	9	12	6	11	6
合计	14	9	27	15	7	19	9
占比	14%	9%	27%	15%	7%	19%	9%

（2）引种因缺乏隔离观察而隐患重重

由表2-3可见，山东省、辽宁省两地农户种畜禽引入时是否进行隔离观察的情况类似：约35%左右的农户引入种畜禽时有进行隔离观察，58%的农户没有；养鸡户进行隔离观察的比重高于养猪户。总体而言，农户种畜禽引入时普遍没有进行隔离观察，引种隔离这一行为在养猪户场中并未"深入人心"，这对生猪个体生产还是区域生产都留下较大的隐患。

表2-3　辽宁、山东两省农户种畜禽引入是否隔离观察情况比较

辽宁	是	否	未作答	山东	是	否	未作答
养猪户	14	51	12	52家养猪户	19	30	3
养鸡户	19	14	0	48家养鸡户	19	27	2
合计	33	65	12	合计	38	57	5
占比	30%	59%	11%	占比	38%	57%	5%

从调研的情况来看，生猪自繁自养能较好地控制仔猪质量，已经为广大养猪户所采用。不过，当自繁自养农户在其预期未来效益较好时，他们会购买仔猪育肥或增购母猪育仔。也即预期养殖效益好时，农户之间或者农户与大型养殖场之间的"引种"会更加频繁，养殖场户间交叉感染的几率会随之增大，这可能为区域性疫病暴发埋下"伏笔"。即使是调查到的一些规模较大养殖场也表示没有进行隔离观察，增大了区域性疫病暴发的风险。

2. 生物安全隔离区建设刚刚起步

2003 年 6 月，世界动物卫生组织（OIE）代表提出了动物疫病区域化政策的新理念——生物安全隔离区划。OIE 认为，除了基于地理屏障实施的区域区划措施外，基于企业实施的生物安全管理，也能通过"隔离"措施实施区划管理，即生物安全隔离区划[1]。建设生物安全隔离区已成为当前国际上通行的动物卫生管理模式，据 OIE 统计，全世界已有 74% 的国家采用了类似的方法，其中，泰国、英国等国家通过发布国家标准和认可程序，全面推进官方认可，在企业动物疫病防控、促进贸易方面，取得了积极成效。

中国生物安全隔离区建设工作虽刚刚起步，但农业部已将生物安全隔离区建设作为下一阶段中国动物防疫重点工作，鼓励和支持大型动物饲养场建立生物安全隔离区，已制定发布了《肉禽无规定动物疫病生物安全隔离区建设通用规范（试行）》和《肉禽无禽流感生物安全隔离区标准（试行）》。生物安全隔离区被规范定义为：处于同一生物安全管理体系中，包含一种或多种规定动物疫病卫生状况清楚的特定动物群体，并对规定动物疫病采取了必要的监测、控制和生物安全措施的一个或多个动物养殖、屠宰加工等生产单元。生物安全隔离区建设有利于提升区域内动物产品质量安全水平，需要养殖业主、企业和政府共同配合完成，不少地方政府和企业较重视。2012 年，北京市在首都农业集团有限公司华都肉鸡、金星鸭业、峪口禽业的 17 个生产单元开展生物安全隔离区建设；海南省计划在海口市建设生猪、文昌鸡等优势产业生物安全隔离区；河南省华英、大用等 13 家畜牧龙头企业积极申报国家生物安全隔离区评估认可工作；吉林省龙井市开始建设延边黄牛生物安全隔离区；2013 年 8 月宁夏晓鸣禽

---

〔1〕 OIE 将动物疫病区划管理分为无规定疫病区和生物安全隔离区两个主要模式。无规定疫病区是指一个以自然、人工或法定边界等地理屏障为界定的区域，该区域含有卫生状况明确的动物亚群体。生物安全隔离区是指在共同生物安全管理体系之下的一个或多个养殖屠宰加工场所，该区域含有卫生状况明确的动物亚群体。

业首家通过国家生物安全隔离区评估认可。

中国生物安全隔离区建设中存在一些制约因素，如企业建设动力机制不足、企业生物安全管理体系建设相对薄弱、地方兽医机构基础设施条件和人员队伍建设相对落后等。结合在辽宁和山东两省的调研，在此着重讨论生物安全隔离区评估认可中的基础生物安全[1]——场地位置和人工物理隔离带。

（1）养殖场地位置有省情差异

不考虑抽样方法不同造成的差异，辽宁、山东两省农户养殖场所位置呈现出较大差异（表2-4）。辽宁省农户无论养猪养鸡，均以自家院落养殖为主；山东省农户养鸡以村外独立区域为主，养猪在自家院落和村外独立区域的农户相当。两省被访农户都很少在养殖小区从事养殖。

表2-4　辽宁、山东两省农户养殖场所位置情况比较[2]

地理位置	辽宁			山东		
	自家院落	养殖小区	村外独立	自家院落	养殖小区	村外独立
养猪户	74	2	1	27	1	24
养鸡户	26	0	7	9	3	36
合计	100	2	8	36	4	60
占比	91%	2%	7%	36%	4%	60%

应该来说，为减小其他场户对自家畜禽健康的影响，农户越来越追求独立封闭养殖场所。

（2）人工物理隔离带建设存在困难

相对于安徽省霍山县（大别山北麓，森林覆盖率达75%，国家

---

[1]　生物安全可分为基础生物安全、结构生物安全、运作生物安全。基础生物安全主要指场址选择，包括养殖场区外的天然隔离屏障、人工物理隔离屏障；结构生物安全主要指场区内的布局，包括生活区与生产区分隔、净道与污道分离；运作生物安全泛指日常饲养管理、卫生消毒、隔离等综合措施。

[2]　山东省农户在村外独立区域进行养殖的比重高，得益于山东农村村容改造及经营主体专业化。村外独立区域包括自家或租用的农田、林地等。

级生态县），宁夏回族自治区固原市（以下简称为宁夏固原）较为平坦，无高山、沟壑、森林等天然防疫屏障，人工物理隔离带建设存在困难。

防疫基础设施建设严重滞后。宁夏固原杨郎村是宁夏有名的蛋鸡养殖村，村里共 456 户居民，82 户从事蛋鸡养殖，每户养殖规模 1 000 ~ 6 000只。2008 年 5 月发现蛋鸡高致病性禽流感阳性样本，2012 年 4 月暴发禽流感疫情，为探究该村蛋鸡养殖和禽流感防控特点，2012 年 10 月，课题组对该村进行了调研。经调研分析，该村养殖密度较大、自家院落菜棚改造成鸡舍养鸡、传统养殖，生物安全体系较差，除鸡舍日常消毒外，很难发现其他生物安全措施。最为引人关注、也是村民分析的最大可能诱发疫情的，就是该村的地理位置。该村位于固原市原州区头营镇北 1 公里，同沿高速东 1 公里，村内交通便利，并设有省道 101 杨郎收费站。良好的交通，给鸡苗运入、鸡蛋及淘汰鸡运出提供了便利的同时，也为病原传播提供了便利。虽然该村资产数亿，但投入防疫基础设施建设的费用几乎为零。

城镇、公路扩张使养殖场生物安全受威胁。为对比杨郎村养鸡业态与私营企业传统养鸡场的差异，找出杨郎村生物安全管理、防疫等方面存在的问题，课题组随后调研了宁夏回族自治区永宁县的一家养鸡场。该鸡场存栏产蛋鸡 10 万只，后备鸡 4.5 万只，相当于半个杨郎村的养鸡量。全场有 24 幢砖墙鸡舍，26 个育雏室，21 个工人，2 个生产厂长，外聘 1 个专业兽医，每 2 周入场指导 1 次。蛋鸡饲养采用传统模式，没有自动化设备，实行绩效管理和各项防疫制度。养鸡场远离其他畜禽场所，生产区生活区隔离，场外有隔离沟，场口实现人员车辆消毒，场内设有消毒室、病禽隔离室等，场内人员不准私自外出，但场区门口隔离沟里存在少量生活垃圾、蛋壳及废弃蛋托，未见无害化处理设施。显然，该养鸡场生物安全体系优于杨郎村，然而已不如前些年。原因是由于城镇建设、公路建设扩张，养殖场隔离沟不到 100 米处新建了一条柏油路，对鸡场的防疫造成一定的威胁。养鸡场场长担忧以后养殖场周边车流增多或养殖场可能不得不面临搬迁。

二、防疫培训与强制免疫

1. 防疫培训

政府防疫培训既是农民接受养殖业职业教育的主要途径之一，也是政府履行农业公益性服务职能的重要方式之一。

农民缺乏系统有效的防疫培训，不能只归咎于农户自身，当前农户的文化教育水平普遍偏低，初中及以下占70%以上（图2-2），是一个客观原因，培训农民的师资薄弱、各地培训计划及效果有差距等问题更为凸显。官方兽医、乡村兽医既是国家动物卫生工作的参与者，也是农民防疫培训的主力军，其知识结构和水平直接影响国家的动物卫生工作的成效。也正是因为这个原因，对官方兽医、乡村兽医的培训工作才显得尤为重要。只有确保拥有一支知识、意识能紧跟国际形势并熟知中国国情的高水平官方兽医、乡村兽医队伍，中国的动物卫生工作才有可能取得更大的成效。虽然在国家层面，农业部启动了官方兽医师资培训、乡村兽医师资培训计划，通过实施阳光工程等培训项目培训基层兽医人员，但由于培训项目还不够独立化、专业化，培训经费不稳定，尚未发挥较为理想的效果。

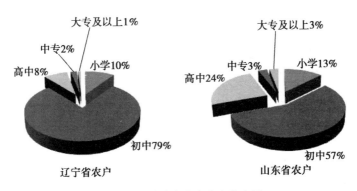

图2-2 被访农户户主文化水平

（1）半数农户未接受过畜禽防疫培训

调查显示辽宁、山东两省被访农户接受过畜禽防疫培训的在50%左右（表2-5），单次最长培训时间一般不超过一周，以一天居多，占45%。培训方式上，辽宁省农户培训以集中授课为主，约占60%，山东省农户培训集中授课、现场讲解、多种方式并用的占比相当，各约占30%（表2-6）。培训频率上，辽宁省农户每年接受培训1次、2~3次的各占44%，山东省农户每年接受培训1次、2~3次的分别占35%、60%。

表2-5　辽宁、山东两省农户是否接受过防疫培训情况

辽宁	是	否	山东	是	否
养猪户	32	45	养猪户	25	27
养鸡户	14	19	养鸡户	32	16
合计	46	64	合计	57	43
占比	42%	58%	占比	57%	43%

表2-6　辽宁、山东两省农户接受过防疫培训的培训方式

	发放资料	集中授课	现场讲解	多种方式并用	总计
辽宁户数	5	27	7	7	46
占比	11%	59%	15%	15%	100%
山东户数	8	14	18	17	57
占比	14%	25%	31%	30%	100%

就政府培训的具体情形而言，课题组调研安徽省霍山县生猪养殖和防疫情况时，正值该县畜牧兽医局进行养猪大户养殖技术培训。据了解，当地每年都要组织10余次这样的培训，每次培训3~4个村，每个村培训1~2天，每村出席人数40~80人，但依然不能做到全县养殖户均获得培训。为鼓励农户参加培训，县畜牧兽医局不仅为农户准备培训资料，还馈赠小礼品。培训会上，会有地方农业院校老师、企业销售人员进行知识、技术讲解，也会播放一些购买的农业技术光碟并进行讲解。

（2）养殖户仍习惯于自己积累经验，政府培训效果评价因省而异

在对防疫知识的获得途径进行效果评价时，辽宁省农户、山东省农户之间有同有异，辽宁、山东省各自养猪户与养鸡户之间差异不大，总体上农户仍习惯于自己积累经验（表2-7）。

表2-7 辽宁、山东两省农户对不同学习途径的效果评价[1]

	辽宁养猪户	辽宁养鸡户	平均	山东养猪户	山东养鸡户	平均
电视	7.45	7.64	7.51	7.25	6.98	7.12
广播	5.69	5.88	5.74	5.04	5.28	5.16
报纸	5.64	7.09	6.07	6.21	6.60	6.40
网络	5.92	7.21	6.31	6.71	7.04	6.87
相关书籍学习	8.00	7.76	7.93	7.88	8.61	8.23
自己积累经验	8.62	8.48	8.58	9.06	9.06	9.06
邻里学习	7.82	8.30	8.00	8.32	8.09	8.21
政府培训	5.74	6.06	5.84	7.45	7.14	7.32
企业或协会培训	5.48	5.15	5.38	7.51	7.51	7.51

辽宁省农户对"自己积累经验"效果评价最高，8.58分，邻里学习、相关书籍学习效果得分分别居第二、第三，两者得分相差不大；企业或协会培训效果得分最低，5.38分，政府培训效果得分倒数第三，5.84分。山东农户也对"自己积累经验"效果评价最高，9.06分，邻里学习、相关书籍学习效果得分分别居第二、第三，两者得分也相差不大；但在山东，农户对政府培训、企业或协会培训效果评价并不低，得分分别居第五、第四，分值分别为7.32分、7.51分。

---

[1] 调研问卷题目选项设置为五级，问卷回收后按"很好=10，好=8，一般=6，差=4，很差=2"的标准折算成10分值分值，表中数值为统计得的平均分，分值越高，代表该途径效果越好。

2. 强制免疫

强制免疫是中国预防重大动物疫病的重要动物卫生管理举措，一直以来受到高度重视，《动物防疫法》明确规定，国家对严重危害养殖业生产和人体健康的动物疫病实施强制免疫，县级以上地方人民政府兽医主管部门组织实施动物疫病强制免疫计划，乡级人民政府、城市街道办事处应当组织本管辖区域内饲养动物的单位和个人做好强制免疫工作，饲养动物的单位和个人应当依法履行动物疫病强制免疫义务，按照兽医主管部门的要求做好强制免疫工作。经强制免疫的动物，应当按照国务院兽医主管部门的规定建立免疫档案，加施畜禽标识，实施可追溯管理。

基层强制免疫工作困难重重，免疫效果并不理想，原因主要包括以下几方面：一是普遍存在村级兽医防疫员工作条件、经济待遇较差，工作任务重责任大，人员年龄和知识结构不合理；二是疫苗冷藏设施欠缺；三是农户居住分散，科技意识淡薄，对动物防疫工作的重要性知之甚少；四是在接种过程中，个别牲畜出现免疫反应，让农户心存余悸，加之动物免疫应激死亡补偿低，严重影响了动物免疫注射工作的顺利开展，给动物免疫注射工作带来负面影响；五是为了不影响免疫进度，在集中强制免疫季节，防疫员不得不一次在一头猪身上打两针甚至三针，不仅加大了不良反应出现的概率，而且几种疫苗的相互干扰对免疫抗体或多或少会产生影响；六是各个层面对建立畜禽标识和养殖档案是为了保证畜产品安全的认识还有差距，基层没有把畜禽标识纳入养殖档案管理范畴，不是在家畜一出生或一买进就打挂标识，而是每到集中免疫阶段才给家畜挂标识，更有甚者屠宰前才临时挂标识。通过调研，我们认为，强制免疫未能充分发挥作用深层次的原因还包括以下几个方面。

（1）长期免疫增加了中国净化动物疫病的困难

中国的一些重大动物疫病一直实行动物免疫政策，但在制定免疫政策之初并没有制定免疫退出计划，又由于中国动物疫病净化措施的不完善，目前不能轻易地停止免疫而开展有计划地净化消灭动物疫病工作。于是，绝大多数动物疫病只能以控制发病与抑制流行为目标，而重大动物疫病难以净化消灭的原因则与疫苗免疫防护效果有关。

除此之外，中国长期大范围的免疫已显现一些负效应问题，例如：①免疫密度达不到有效覆盖。由于被免动物分散养殖，出现漏免。②疫苗质量问题。疫苗招标制度引起疫苗生产企业竞相压低价格，无法有效地保障产品质量，特别是抗原含量普遍偏低，影响了免疫效果。③免疫程序问题。首免动物后免疫监测和重复免疫不落实，会因抗原剂量使用过低，不能诱导免疫应答，导致低带免疫耐受；如果任意加大免疫剂量，会因抑制性 T 细胞被活化而抑制免疫应答，导致高带免疫耐受，即"免疫麻痹"现象，二者都造成免疫失败而发病。④疫苗免疫还会诱发病毒在宿主抗体免疫选择压作用下加快其基因变异速度，从而成为优势群体以逃避宿主机体免疫反应，导致疫病难以消灭。⑤免疫抑制性病毒感染不仅显著抑制了对烈性传染病疫苗免疫的效力，还能直接诱发细菌性感染。⑥疫苗的安全性问题和某些疫病免疫机制不清而无疫苗（如马鼻疽）只能捕杀病畜的问题。因此，免疫虽是快速降低疫病感染率的重要控制手段，但不能完全阻止疫病的传播。国际社会普遍认为，当动物机体经过免疫之后，如群体抗体水平达到 70% 即可控制疫病的大范围传播，有效降低疫病感染率，但仍有可能出现散发病例。如继续反复实施免疫，那么长期免疫引起的负效应则不利于消灭疫病，反而造成病原微生物产生"耐苗性"或变异而存在于动物群体中。

（2）基层防疫人员责任心不强，散户免疫存"漏免"

强制免疫大多在一定的时间内集中进行，基层防疫体系除负责疫苗调运和储藏外，主要负责临时聘用执业兽医或防疫员等人员进行免疫注射，并负责全过程的组织、技术指导和监督。在这期间常发生的问题有。

基层防疫人员责任心不强。宁夏固原杨郎村部分农户由村兽医和村防疫员进行禽流感免疫注射，一些农户对防疫员操作不放心或为节省注射费，从镇兽医站领取疫苗自己注射。

散户免疫不到位。在四川省一些地方，生猪春秋季防疫时，一些农户农忙不在家或对免疫重要性缺乏认识，错过或不让乡镇兽医进行免疫注射，村防疫员建立好免疫档案并在农户方便的时候加施上耳标，即"漏免"现象存在；农户散养鸡从未进行过禽流感疫苗注射，原因是数量少（每户几只或数十只）、多放养（天黑才回鸡舍）。

（3）个别地区兽医站疫苗质量可能受质疑

在辽宁、山东两省问卷调研发现，辽宁省52%的农户动物疫苗自己注射，山东省比例更高，达62%。由于鸡群免疫操作技术更容易被掌握，养鸡户自己注射的比例稍高于养猪户。在询问自己注射的原因时，农户表示，养殖规模小、担心乡村防疫员带来动物疫病是选择自家人注射的主要原因，只有辽宁省的1家养猪户、1家养鸡户表示疫苗质量差。约7成农户表示疫苗注射后效果很好，3成表示效果一般。

在疫苗购买地点上，辽宁省农户半数会在私人兽药店购买，半数会在在兽医站购买。不同于辽宁省的是，山东省被访户疫苗购买地点以县乡兽医站及其他（如厂家直购、合作社统购）为主，私人兽药店购买疫苗的比重较低，仅占11%。

（4）养殖档案、免疫档案及畜禽标识的情况不乐观

无论辽宁还是山东省都不同程度存在农户的畜禽强制免疫后并未建立免疫档案并施加畜禽标识的问题，或者农户不知晓免疫档案、畜禽标识的概念（见表2-8）。此外，农户建立养殖档案的比重很低，辽宁、山东分别为15%、29%（表2-9）。

表2-8　辽宁、山东两省农户是否建立免疫档案并加施畜禽标识的情况

辽宁	是	否	未作答	山东	是	否	未作答
养猪户	57	18	2	养猪户	21	28	3
养鸡户	19	11	3	养鸡户	18	25	5
合计	76	29	5	合计	39	53	8
占比	69%	26%	5%	占比	39%	53%	8%

表 2 - 9　辽宁、山东两省农户是否建立养殖档案的情况

辽宁	未作答	未建立	建立，并保留			山东	未作答	未建立	建立，并保留		
			1 年	1.5 年	2 年				1 年	1.5 年	2 年
养猪户	0	67	2	1	6	养猪户	2	41	6	2	1
养鸡户	0	26	2	2	3	养鸡户	0	28	9	6	5
合计	0	94	4	3	9	合计	2	69	15	8	6
占比	0%	85%	4%	3%	8%	占比	2%	69%	15%	8%	6%

三、饲料安全与兽药残留

1. 饲料使用存在安全隐患

随着养殖专业化的发展，绝大多数农户都需要依靠外购饲料进行养殖（图 2 -3），即使自制饲料，饲料原料也主要依靠外购。农户通过购买玉米、豆粕、麸皮等原料和预混料（浓缩料）进行混合，甚至自配饲料添加剂，其不规范操作[1]和本身质量良莠不齐的饲料原料是否严重威胁到畜产品安全？政府是否应监管、指导农户饲料配制，抑或落实饲料原料销售方的检测责任？这些问题值得探讨。

现阶段，不少场户利用自己生产或购买的原料，用一些简易的饲料加工设备，自己配制、自行加工饲料，普遍缺乏必要的饲料分析、检测设备，对原料中的水分、营养指标以及霉菌毒素无法检测，只能凭借外观感觉和试用的效果来验证，难以把控原材料质量。多数人购买原材料时注重价格而忽视质量。不能严格按配方配比饲料，原料称量不准、投料次序有误，搅拌不够均匀。配料保管不能达到"无潮、无霉、无鼠、无虫、无污染"的"五无"标准。更有一些不法场户利用自制饲料的灵活性趁机添加禁用药物。这些都严重降低饲料安全性，进而降低畜产品质量。

---

〔1〕　如：农户超量超范围加入微量元素、预混料、除霉药物，微量元素、预混料、除霉药物与玉米、豆粕混合不均。

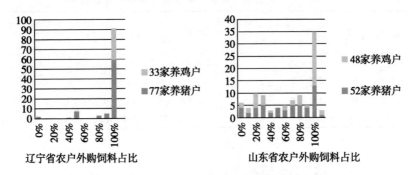

图 2-3　辽宁、山东两省农户饲料外购占比情况

注：横轴为外购饲料量在所有饲料（自制与外购总和）中的比例，纵轴为相应外购比值上的农户数。

（1）农户更注重饲料购买的方便性和价格

虽然饲料外购渠道多样，但在辽宁省，农户饲料外购渠道主要为私人商店，占54%（表2-10），在山东省，农户饲料外购渠道主要为大型饲料企业，占57%（表2-11）。而且，养鸡户饲料购买渠道更稳定。辽宁、山东省分别有91%、79%的养鸡户一直采取同样的购货渠道，而一直采取同样购货渠道的养猪户分别只有47%、69%。再者，农户一直采取同样购货渠道的原因不因省份、畜种不同而不同，由主到次依次为购买方便、价格低、产品质量好、服务好、亲戚朋友关系。20%~40%的农户购买饲料时并不会注意饲料包装上的信息。

此外，饲料由合作社或公司统一购买或生产的农户占两省被访农户总数的5%。

表 2-10　辽宁省农户饲料外购渠道情况

辽宁	大型饲料企业	乡镇畜牧兽医站	私人商店	多渠道或其他	未作答
养猪户	18	11	45	1	2
养鸡户	13	4	15	1	0
户数	31	15	60	2	2
占比	28%	14%	54%	2%	2%

表2-11 山东省农户饲料外购渠道情况

山东	大型饲料企业	乡镇畜牧兽医站	私人商店	多渠道或其他	未作答
养猪户	24	8	7	9	4
养鸡户	33	4	3	2	4
户数	57	12	10	11	8
占比	57%	12%	10%	11%	8%

（2）农户判断饲料原料质量完全靠经验，多数不知饲料添加剂使用规范

农户在进行玉米等饲料原料粉碎、搅拌时，会使用到粉碎机、搅拌机或粉碎—搅拌一体机。在调研农户中，辽宁的10家养猪户、9家养鸡户和山东的25家养猪户、21家养鸡户，共计65家农户购置有这些自制饲料设备，占农户总数的31%。这些农户在购置玉米等饲料原料时，没有设备检测，判断原料质量只能靠经验，也没有委托第三方帮助判断，部分农户认为可以通过肉料比等指标反向判断自己购买的饲料原料的好坏。农户普遍认为，原料发生黄曲霉的比例在20%以下。无论自制饲料、外购饲料，农户都不同程度使用饲料添加剂，但表示不知道饲料添加剂使用规范的农户数是表示知道农户数的2倍。

饲料贮存上，几乎所有被访农户都有干燥、通风的场所存放饲料及饲料原料，没有的仅占6%。在变质饲料的处理上，无省份、畜种差异，4%的农户选择继续使用，63%的农户选择扔掉，26%的农户选择处理后使用，其他农户表示退货、当肥料、未发现过变质等。不少农户也表示处理方式视具体情况而定，会根据饲料变质的程度、数量，结合自己的经验进行处理，以饲料不影响畜禽健康为准。

2. 兽药违规违章使用比较普遍

兽药残留高低是畜产品质量好坏的重要衡量指标之一。要想降低

畜产品兽药残留，首先得从科学合理使用兽药抓起，做到少用药、用低毒低残留药、不用违禁兽药、严格执行休药期等。

2012 年底山东"嗑药速生鸡"事件充分暴露了中国畜禽产品生产中生产者不注重兽药残留的问题。兽药残留严重几乎成为行业恶疾。许多养殖场户将超量和超范围使用兽药作为治疗和预防畜禽疾病的优先选择，不执行用药剂量、给药途径等用药规定。细分而言，一是有些老养殖场户防治畜禽疾病的习惯是加倍剂量用药，认为这样可以提高治疗效果，避免拖延病程，当使用一二种抗菌药物疗效不佳时再增加药物品种，甚者增加到 5~6 种，错误地认为用药品种多了可产生累加效应。二是养殖场户持有"有病治病，无病防病"的想法，长期混饲一些药物，在饲料中添加药物的量越来越高，甚至比规定数量高 2~3 倍，常用药物的耐药性日趋严重，加重疾病防治难度。三是用药品种多、杂、乱，不同商品名、成分相同的药物经常同时使用，造成该类药物在动物体内过量积累，兽药残留加重。四是不少场户并不了解休药期制度，更不知道各种兽药相应的休药期，自然也谈不上执行休药期了，还有一些场户知道休药期规定但没有严格执行。五是违禁药物、兽药原粉的使用时有发生。这些都都加重畜禽产品中药残留量及对人体的危害。

（1）农户自己或其邻友充当兽医给畜禽开药方

辽宁省 12% 的农户自己充当兽医给畜禽开药方，3% 的农户请自己有经验的邻居或朋友充当兽医给畜禽开药方，不用兽医开药方的以养鸡户居多；山东省 26% 的农户自己充当兽医给畜禽开药方，12% 的农户请自己有经验的邻居或朋友充当兽医给畜禽开药方，不用兽医开药方的以养猪户居多。不用兽医给畜禽开药方的原因是多方面的，且不因省份、畜种不同而不同，总体分布为：农户自己懂兽医知识占 6~8 成，兽医收费高占 1~2 成，兽医水平低占 1 成。

（2）普遍使用抗生素，部分限用兽药也有使用

90% 的辽宁省农户和 66% 的山东农户表示，平时养殖过程中会

使用抗生素预防或治疗畜禽疾病。安定、苯甲酸雌二醇等限用兽药[1]在农户养殖中也有使用，使用户数占比详见表2－12。

表2－12 养殖户使用兽药情况

使用兽药	辽宁养猪户（77）	辽宁养鸡户（33）	山东养猪户（52）	山东养鸡户（48）
抗生素	84%	97%	73%	62%
安定（地西泮）	44%	3%	27%	13%
苯甲酸雌二醇	5%	3%	12%	7%
其他兽药	1%	3%	15%	16%
无	3%	3%	6%	9%

农户是否超量使用抗生素等兽药较难通过调查问卷反映，但问卷发现5～6成农户按兽医药方用药，1成听邻居经验，2成自己看说明书，1～2成视情况而定，且不同省份、不同畜种间未表现出差异。

农户是否超范围使用抗生素等兽药较难通过调查问卷反映，但通过对辽宁、山东两省农户调研数据分析，发现平时使用过限用兽药的农户具有文化程度低、从业人数多、日常交往中与陌生人或不熟悉的人打交道的机会多、官方兽医对其产地检疫不严格等特征，平时未用过限用兽药的农户，特征则与之相反。

（3）部分农户不知道兽药休药期、不了解兽药残留对人体健康的影响

由表2－13、表2－14可见，12%的辽宁省农户、21%的山东省农户表示不知道兽药休药期，7%的辽宁省农户、12%的山东省农户不了解兽药残留对人体健康的影响。

---

[1] 农业部公告第193号规定《食品动物禁用的兽药及其它化合物清单》序号1至18所列品种的原料药及其单方、复方制剂产品停止生产，截至2002年5月15日，停止经营和使用，序号19至21所列品种的原料药及其单方、复方制剂产品不准以抗应激、提高饲料报酬、促进动物生长为目的在食品动物饲养过程中使用，未禁止其他用途，也未禁止这些兽药的生产经营。安定和苯甲酸雌二醇属于序号19至21所列品种。

表 2 - 13 辽宁、山东两省农户对兽药休药期的知晓度

辽宁	知道	知道一点	不知道	山东	知道	知道一点	不知道
养猪户	36	33	8	养猪户	18	19	15
养鸡户	6	22	5	养鸡户	28	14	6
合计	42	55	13	合计	46	33	21
占比	38%	50%	12%	占比	46%	33%	21%

表 2 - 14 辽宁、山东两省农户对兽药残留影响人体健康的了解度

辽宁	了解	了解一点	不了解	山东	了解	了解一点	不了解
养猪户	29	44	4	52 家养猪户	18	27	5
养鸡户	8	21	4	48 家养鸡户	23	15	7
合计	37	65	8	合计	41	42	12
占比	34%	59%	7%	占比	41%	42%	12%

约 60% 的农户对兽药休药期、兽药残留对人体健康的影响，只了解一点或不了解。认知的缺乏使得农户较难有意识地遵守"严格执行兽药休药期"的规定。

四、产地检疫与畜禽销售

产地检疫作为动物卫生监督执法的重要措施之一，是防控动物疫病和保障畜产品质量安全的第一道防线。在产地检疫、运输检查、交易市场检疫检查、屠宰检疫中，唯产地检疫工作须分散进行，是四者中难度最大的一项。

1. 有的产地检疫流于形式，难有成效

各地产地检疫中普遍存在养殖场户法制观念不强而逃避检疫、产地检疫工作人员少、部分检疫人员素质不高、检疫设施设备落后、检疫工作程序不规范等问题。具体表现在以下几个方面。

一是部分养殖户认为产地检疫是向他们收钱，影响了他们的经济效益，对该项工作存在抵触情绪；另外部分经纪人逃避检疫或者教唆

养殖户不配合检疫，造成部分养殖户在动物上市或销售前不主动报检、甚至逃避检疫；

二是养殖业生产集约化程度相对较低，到户检疫具有工作量大、检疫面广、高度分散的特点，而且又受量少、次多、分散、无时间规律等客观因素的影响，乡镇畜牧兽医站由于人力和经费的严重不足，全面实施产地检疫的难度很大；

三是部分乡镇畜牧兽医站没有设立报检点和报检电话，即使设置了报检点、报检电话，但由于工作人员少、经常外出，存在报检时人不在、报检后人不到等情况，挫伤了群众报检的积极性；

四是基层检疫仪器设备缺乏，大多凭肉眼进行临床健康检查，出具的动物检疫合格证明缺乏科学依据，可信度较低，难以取信于人；

五是个别乡站检疫员不注重检疫技术操作的规范和执法形象，出于个人利益考虑违规操作现象较普遍，不能严格按照《畜禽产地检疫规范》要求实施检疫，擅自简化出证程序，不亲自到场、不到户、不进行临床检查、不查防疫档案，嫌麻烦、图省事或应畜主要求，不看畜禽，不做健康检查，交钱就开证、只收费不检疫，甚至转让检疫证明、开具空白检疫证明等。

通过调研，课题组也发现受访养殖户确实在产地检检疫方面或多或少地遇到以上五方面的的问题，其中相对突出的问题有以下两个方面。

（1）一些地方只收费发证不检疫

按照《动物检疫管理办法》要求，动物卫生监督机构受理检疫申报后，应当派出官方兽医到现场或指定地点实施检疫，检疫过程中要查验强制免疫疫病免疫档案及耳标、了解当地疫情情况，在饲养地对动物进行全面的临床健康检查，必要时还要进行实验室检查。但在实际操作中，部分检疫员擅自简化出证程序，不亲自到场、不到户、不进行临床检查、不查防疫档案；甚至只收费不检疫、转让检疫证明、开具空白检疫证明等违法违规行为。这些违规行为在我们的问卷调查中得到一定程度反映，特别是一些农户很直接地用"一张卡2元，不检疫"来表达对其只收费的不满。

在辽宁，被访的 110 家农户中，只有 78 家表示其在每次畜禽销售前都（申报）检疫。在这 78 家中，12 家为 100% 的畜禽只发证不检疫；4 家为 60%~80% 的畜禽只发证不检疫，其余畜禽认真检疫后发证；17 家为 10%~50% 的畜禽只发证不检疫，其余畜禽认真检疫后发证；45 家为 100% 的畜禽认真检疫后发证。

在山东，被访的 100 家农户中，只有 48 家表示其在每次畜禽销售前都（申报）检疫。在这 48 家中，4 家为 100% 的畜禽只发证不检疫；10 家为 80%~99% 的畜禽只发证不检疫，其余畜禽认真检疫后发证；7 家为 3%~30% 的畜禽只发证不检疫，其余畜禽认真检疫后发证；14 家为 100% 的畜禽认真检疫后发证；其余农户，只发证和认真检疫后发证的比例不详。

（2）大部分农户不清楚产地检疫的具体内容

在辽宁，被访的 110 家农户中，只有 18 家养猪户和 7 家养鸡户对产地检疫的检查内容了解一些，其余农户都表示不清楚。不同农户反映的检查内容有所不同，分别为：病毒（4 家）；猪丹毒（1 家）；传染病、肠道疾病、流行病（4 家）；口蹄疫、猪瘟、蓝耳病（10家）；检测血、皮肤（3 家）；药是否超标（3 家）。

在山东，被访的 52 家养猪户中仅 14 家较清楚。回答的指标分别为：抽血化验（2 家）；药物残留；药检，病检；伤病检测；健康指标；猪仔品种；抗生素；体重（2 家）；瘦肉精，传染病；尿液中是否含瘦肉精；体重饮食粪便。

48 家养鸡户中 24 家较清楚。回答的指标分别为：禽流感、新城疫等传染病（8 家）；药残（6 家）；鸡蛋安全性（3 家）；产蛋率体重羽色；观察外部特征，数量少不用检验；病史；伤残检测；饲料的安全，鸡的健康；肉鸡冠子红不红及活泼程度；免疫情况，排泄物检查。

2. 经纪人是畜禽销售的主渠道，问题最多

农民经纪人（商贩）因其挨家挨户上门收购，随叫随到，给农户畜禽销售提供了方便，成为农户畜禽销售的主要渠道。但调研发现

绝大部分农户认为通过经纪人销售，畜禽检查不严格。是否应参照
"出租车"制度设置经纪人准入制度？将分散的农民经纪人组织化为
屠宰场、食品加工厂等法人的"持证合作者"，增强流通、加工环节
垂直紧密度，一旦经纪人违法违规，连带追究屠宰场、食品加工厂等
行为主体的责任。

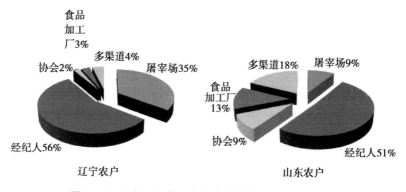

图 2-4 辽宁、山东两省农户畜禽销售渠道情况比较

（1）经纪人上门收购为农户畜禽销售主渠道，检查最不严格

由图 2-4 可见，辽宁、山东两省农户畜禽销售最主要渠道均是
经纪人上门收购，利用该渠道进行销售的农户分别占两省被访农户总
数的 56% 和 51%。对养猪户、养鸡户的销售渠道进行比较，发现养
猪户通过经纪人上门收购的比重明显高于养鸡户，与之对应的是，养
鸡户通过协会销售或直接销售到屠宰场、食品加工厂的比重高于养猪
户，但无论养猪、养鸡，畜禽销售最主要渠道仍是经纪人上门收购
（表 2-15）。

表 2-15 养猪、养鸡农户畜禽销售渠道情况比较

	屠宰场	经纪人	协会	食品加工厂	多渠道
养猪户	20%	63%	2%	5%	10%
养鸡户	26%	40%	11%	11%	12%

辽宁省农户普遍认为屠宰场检测检查较严格,认为屠宰场检测检查较严格的农户数占辽宁被访户总数的52%,其次是食品加工厂,占28%,协会与经纪人相当,各占10%。山东省农户普遍认为食品加工厂较为严格,农户占比55%,其次是协会、屠宰场,分别占27%、17%,仅1户认为经纪人检测检查较严格。可见,总体上经纪人上门收购,检查并不严格。

另外,农户选择某种销售渠道的原因绝大部分是因为该渠道方便(表2-16)。

表2-16 辽宁、山东两省农户畜禽销售选择相应渠道的原因

	辽宁养猪户	辽宁养鸡户	山东养猪户	辽宁养鸡户
价格好	23%	12%	31%	42%
费用低	17%	12%	6%	15%
方便	57%	73%	77%	44%
固定关系	14%	27%	25%	35%

(2)部分农户发现畜禽可能生病,选择尽快销售

当畜禽疑似生病或可能生病,农户出于经济利益选择尽快销售确实存在(表2-17),因此,产地检疫显得尤为重要,检疫员能用比较专业的兽医知识辨别利害关系,从公共利益角度决定是否应进入流通环节。

表2-17 辽宁、山东两省农户发现畜禽可能生病采取的处理措施[1]

辽宁	尽快销售	检查治病	其他	山东	尽快销售	检查治病	其他	未作答
养猪户	3	73	1	养猪户	12	35	3	2
养鸡户	7	25	1	养鸡户	7	39	2	0
合计	10	98	2	合计	19	74	5	2
占比	9%	89%	2%	占比	19%	74%	5%	2%

---

[1] 表中"其他"的具体情况为:2家养猪户(辽宁、山东各1户)和1家养鸡户表示不会销售;1家养猪户和1家(辽宁)养鸡户表示将畜禽扑杀掉;1家养猪户表示疾病多发时期不进行生猪育肥,只留母猪和仔猪;1家养鸡户表示检查治病、病死深埋。

　　另一方面，农户若选择检查治病，除需承担治疗费外，还面临治病不成、畜禽病死进而畜禽经济价值大大降低的风险，这样一来，农户和基层检疫员都面临病死畜禽如何处理的问题。

五、畜禽病死与无害化处理

1. 畜禽病死

（1）农户对常见畜禽疾病的预防

　　在山东省和辽宁省的 129 户养猪户在 2012 年全年养殖过程中，各种非强制性系统疫苗的使用户数和比例如表 2 - 18 所示。

表 2 - 18　生猪养殖户非强制性疫苗使用情况一览表

	伪狂犬病疫苗	乙脑疫苗	副嗜血杆菌疫苗	传染性胃肠炎疫苗	细小病毒疫苗	猪丹毒—猪肺疫二联苗	仔猪副伤寒疫苗	猪链球菌疫苗	猪圆环病毒疫苗
辽宁	74	15	11	27	46	49	33	12	10
比例	96%	19%	14%	35%	60%	64%	43%	16%	13%
山东	21	15	4	44	14	17	4	9	2
比例	40%	29%	8%	85%	27%	33%	8%	17%	4%
合计	95	30	15	71	60	66	37	21	12
比例	74%	23%	12%	55%	47%	51%	29%	16%	9%

　　由此可以推断，在辽宁省，猪伪狂犬病、猪细小病毒病、猪丹毒、猪肺疫等发生率或危害性相对较高，而在山东省，猪伪狂犬病猪、丹毒、猪肺疫、猪细小病毒病、猪传染性胃肠炎等发生率或危害性相对较高。

　　而在 81 家养鸡户在 2012 年全年养殖过程中，各种非强制性疫苗的使用户数和比例如表 2 - 19 所示。

表 2 – 19　鸡养殖户非强制性疫苗使用情况一览表

	新城疫疫苗	马立克氏病疫苗	传染性支气管炎疫苗	传染性喉气管炎疫苗	传染性法氏囊疫苗
辽宁	33	24	26	21	22
比例	100%	73%	79%	64%	67%
山东	37	16	25	9	32
比例	77%	33%	52%	19%	67%
合计	70	40	51	30	54
比例	86%	49%	63%	37%	67%

　　辽宁和山东两省养鸡户的新城疫、传染性支气管炎、马立克氏病、传染性法氏囊、传染性喉气管炎等发生率或危害性相对较高。

　　（2）畜禽生病及病死情况[1]

　　在辽宁省的调研户中，有23家养猪户知道自家生猪的发病原因，其中痢疾、口蹄疫、链球菌病分别为10户、7户和2户，心肌炎、脑炎、蓝耳病和传染性胃肠炎各1户。有22家养鸡户知道自家鸡的发病原因，其中大肠杆菌20户，支气管炎和呼吸疾病各1户（表2 – 20）。

表 2 – 20　2012 年辽宁省调研农户畜禽发病病死情况一览表

	发病总数	病死总数	存栏总量	总发病率	总病死率
生猪	1 848	949	12 377	14.9%	7.6%
养鸡户	67 190	36 850	722 900	9.3%	5.1%

　　在山东省的调研户中，有27家养猪户知道自家生猪的病因，其中口蹄疫、痢疾、肠炎、圆环病毒病、感冒和链球菌病分别为7户、6户、6户、3户、3户和2户，猪瘟、蓝耳病、血吸虫病和水肿病各1户。有28家养鸡户知道自家鸡的病因，其中大肠杆菌15户、新城疫5户、呼吸道疾病3户、流感、法氏囊病和肾肿病均为2户，沙门

────────────

〔1〕　因少部分农户未回答，故为不完全统计。

氏菌各 1 户（表 2 - 21）。

表 2 - 21 2012 年山东省农户 2012 年畜禽发病病死情况一览表

	发病数	病死数	存栏总量	总发病率	总病死率
生猪	2 346	836	22 772	10.3%	3.7%
鸡	266 314	24 577	1 795 232	14.8%	1.4%

（3）畜禽生病后的处理

对农户而言，畜禽生病后面临着治病、出售等选择，80% 的辽宁省农户选择治病，1% 选择出售，19% 选择处死扔掉；75% 的山东省农户选择治病，5% 选择出售，17% 选择处死扔掉，其余农户表示视情况而定。生猪和鸡生病后的处理方式几乎无差异。

2. 无害化处理

针对养殖环节病死动物无害化处理难的问题，2009 年 6 月，农业部办公厅印发了《关于开展养殖环节病死动物无害化处理补贴制度调研工作的通知》，农业部和省、市、县各级相继组织调研，时间长达一年多。2011 年，农业部在前期调研和汇总分析的结果上，向国家发改委、财政部提出规模养殖场病死动物无害化处理补贴制度，得到了国务院的批准实施。

2013 年初上海黄浦江"死猪漂浮"事件反映出中国养殖环节病死动物无害化处理仍存在不少问题。一是法律法规不健全。如《动物防疫法》中没有对养殖环节畜主处理病害动物设定权利和义务，致使该环节染疫、疑似染疫、病死、死因不明动物没有得到无害化处理，有的甚至进入流通销售环节，不利于对病源的控制和消灭。二是病死动物无害化处理措施不规范。除少数省市已建或在建动物无害化处理站外，绝大多数省市普遍缺乏病死动物统一收集无害化处理措施，影响了病死动物无害化处理工作的深入开展。加之农村部分畜禽散养户对病死动物无害化处理多采用掩埋法，对掩埋的地点、深度和方法掌握不够，可能污染地下水源、也可能掩埋的病死动物被洪水冲出、肉食动物钻洞扒出、不法人员偷挖出。三是现有无害化处理方法存在不足。若采取焚烧，则需要有专用焚尸炉等设施，还要相应的处理费用，处理成本比较高；若采取化制，则需要有具备相应条件的化制企业来承担相关工作，而目前相关企业数量较少；若采用深埋，则面临着土地资源紧张，存在污染隐患，老百姓反对、阻挠，选择合适场地难。四是财政补贴标准较低。近年来政府虽然对重大动物疫病的扑杀采取了补贴措施，但补贴标准普遍较低，且对畜禽零星死亡没有补助，导致部分养殖户将病死动物乱抛乱丢或非法贩卖。另外，大多数地区对养殖环节病死动物无害化处理无专项经费投入，基层对病死动物无害化处理工作实施难以保证。

（1）农户病死畜禽无害化处理得不到政府补贴，从而流入市场

以生猪为例，调研组在安徽省调研了3家典型养猪户，其中长丰县1家、霍山县2家，均为租用流转地、自繁自养。被访的长丰县养猪户饲养普通三元猪，2011年出栏量800头，育肥阶段病死率4%；被访的两个霍山养猪户饲养改良后的地方黑猪，2011年出栏量分别为960头、850头，育肥阶段病死率均为1%。3家养猪户均表示建有沼气池，仔猪死亡投入沼气池或深埋消毒，处理相对容易。在询问如何处理病死的育肥猪时，长丰县养猪户及霍山养殖资金较弱的养猪户略显尴尬、犯难，但均表示对病死育肥猪都进行了深埋，而霍山养殖资金较强的养猪户比较自然地描述了深埋育肥猪的场地、过程情景。

（2）农户环保意识不足，病死畜禽或严重污染环境

在霍山县与参加养殖技术培训的养猪户座谈时，课题组成员发现，一些农户认为病死畜禽被弃于山沟、林地、河流或简单掩埋是农村习俗，特别强调仔猪和家禽常见疾病多、病死率较高但尸体较小，分散丢弃，环境压力并不大。既使对病死畜禽采取无害化处理的农户，也未严格按照相关程序进行处理，乱埋、浅埋、不进行消毒的现象比较普遍。

（3）农户的无害化处理技术知识匮乏

农村病死畜禽随意扔弃现象长期存在，不仅与增添农户额外经济

成本有关，也与农户的无害化处理技术知识相对匮乏有关。

在山东省被访农户中，38%的养猪户不知道病死畜禽无害化如何处理，39%的养鸡户知道病死畜禽无害化如何处理，而且畜禽生病后处死扔掉的 9 家养猪户有 4 家不知道病死畜禽无害化如何处理，畜禽生病后处死扔掉的 6 家养鸡户均不知道病死畜禽无害化如何处理。

在辽宁省被访农户中，81%的养猪户不知道病死畜禽无害化如何处理，28%的养鸡户不知道病死畜禽无害化如何处理。畜禽生病后处死扔掉的 11 家养猪户有 9 家不知道病死畜禽无害化如何处理，畜禽生病后处死扔掉的 9 家养鸡户有 4 家不知道病死畜禽无害化如何处理。

第三篇 国外动物卫生管理经验

一、美国

1. 动物卫生相关法律法规

美国在动物及动物产品方面的法规非常详细、具体，并独立成卷为《美国联邦法典》第9卷"动物及动物产品"部分，该卷共收集了近100个动物卫生法规。美国动物卫生方面的法律主要有《联邦动物卫生保护法》《联邦肉类检验法》《禽肉产品检验法》和《蛋产品检验法》等。在这些法律法规的基础上，还制定了一系列的规程、标准、手册、指令，以便实施动物卫生检验及监测计划时具有完备的规定、规范，有法可依。另外，细化到动物疫病诊断、免疫、监测、检疫、兽医人员管理、病害动物和动物产品无害化处理等各个方面的工作，美国均有相应的法律规定，如果出现法律空白，农业部将立即制定新的规定进行补充。除了完善的动物卫生法律法规外，美国对兽医也有法律条文规定，并且具有两个重要特点：一是法律涵盖了动物卫生和公共卫生的各个方面，相互联系、彼此协调；二是法律体系层次比较清晰，既包括法律法规，也包括法律解释、技术规范和标准。美国既有联邦立法又有州立法，两者各自独立又相互补充，尤其是在动物疫病防控方面的立法所表现得互补性尤为明显。各州动物疫病防控法律根据其畜牧业和动物卫生状况不同，法律具体规定的内容不尽相同，但结构基本相似，其内容涉及动物及家禽患病后的处理、生物制品管理和使用、动物检疫、对农业具有危害性的动物处置、动物患有特定疫病后处理等内容。

2. 官方兽医制度

美国的兽医管理体制采用联邦垂直管理和各州共管的兽医官制度，动植物卫生监督局总部的兽医官和地方兽医官都属于联邦兽医官。除联邦兽医机构以外，每一个州都设立了州的兽医管理机构，属于各州农业部门管理。

美国全国的兽医管理机构在联邦的农业部，各州的兽医管理机构在各州的农业厅。除了属于联邦动植物卫生监督局派出的地方兽医局以外，美国每一个州还都设有州的兽医管理机构，属于州农业厅管理，其最高行政长官为州立动物卫生官，下设 3 ~ 5 名州立兽医官。在动物防疫的工作方面，联邦地方兽医局和各州的兽医管理机构通过签订协议明确各自的职责，共同负责该州的动物卫生工作。

在美国的兽医体制中，个体兽医的作用不容小觑。在美国，州内的动物流动必须持有检疫合格证，而这种检疫合格证的出证人即分布在州各个地方经过培训、授权的个体兽医师，如果这些授权的兽医师开错一次检疫证，就要吊销授权。检疫证是由联邦政府统一印制的，兽医师开具的检疫证 1 份给农场主，1 份寄给州的动物处。州与州之间的动物检疫要求不一样，州与州之间流动的动物所持的检疫证，出证人是由州里有授权的兽医师签发，签发检疫证之前必须到现场认真检疫后才能出具检疫证。出口的动物及其产品的检疫由美国动植物卫生监督局和属于联邦动植物卫生监督局派出的地方兽医局负责出证。

3. 政府对动物卫生的财政支持

美国政府对动物卫生的财政支持包括两方面。一是直接给农户的补贴。美国商业用家禽的疫病防控由 NPIP（国家养禽业促进计划）监督，该项目由美国农业部动植物卫生检验局和州级兽医管理机构按照有关章程执行有关管理程序和决策及接受监督，美国在《联邦法典》中规定，对加入 NPIP 的饲养户的疫病损失经确定后 100% 赔偿，而对未加入 NHP 的饲养户赔偿其确认损失的 75%。二是通过农业保险补贴。美国实行私营、政府和民间相互联系的双轨制农业保险保障体系模式，政府对农业保险通过保费补贴、业务费用补偿、再保险和免税形式给予扶持，其中保费补贴比例因险种不同而有所差异，一般为所交保险费的 50% ~ 80%，巨灾风险政府补贴全部保费，其他自愿投保险种，政府补贴率在 40% 左右，另外，对保险公司也有财政扶持，参与农险计划的私营保险公司除缴纳 1% ~ 4% 的营业税外，一律免交其他税赋。

美国国家养禽业促进计划（National Poultry lmproveHlent Plan，NPIP）是美国近 70 年前研究制定的一项禽类疫病防治长效机制。近 70 年的实践表明，此机制有效地促进了美国养禽业持续、健康地发展壮大。

二、欧盟

1. 动物卫生相关法律法规

欧盟现有的动物卫生法规涵盖多个不同的政策领域，包括内部贸易、进口、动物疾病控制、动物营养及福利等。该法规体系尽最大可能与国际标准和指导方针接轨。依照综合食品法规定，形成伞状法规结构并具备延展和开发的空间。综合法是基础，确立了动物卫生基本原则和标准；同时，又针对不同的动物卫生问题，视实际情况制定详细规则，目的是使政策更加简便、灵活可行。另外，欧盟内部制定法规，规定成员国发生动物疫情时，需报告防疫机构。

欧盟在动物产品出口方面规定，从第三国进口的动物产品必须能像共同体市场内生产的产品一样安全。这一等效性原则同样适用于第三国的这些产品的生产和管理条件。想要出口动物产品至欧共体市场，动物产品（及活动物）必须与共同体内部所要求的卫生条件相一致，并且必须经过边境检查站的兽医检查，以判定是否符合等效性原则。

在欧盟内部，欧盟的法律规定了动物及其产品的生产和投放市场的条件。对应于每一类产品都有相应的指令来确定这些条件，这些指令中还特别指出要使产品能在本国或其他成员国市场上出售，相应的企业包括屠宰场、分割厂、加工厂、储存场所及水产品加工企业等都必须由兽医主管部门批准。只有符合指令中相关生产场所、设施、设备、加工管理和标签等要求的企业才能获得批准，经批准的企业要接受本国主管部门的监管。

2. 官方兽医制度

欧盟建立了联席兽医主管部门（ANIMO），运用一个计算机网络连接各国兽医主管部门，以便各国在动物卫生检查结束后将信息在欧共体内共享。在各成员国内，官方兽医制度是垂直管理兽医制度，以德国为例，德国最高兽医行政官为首席兽医官，该首席兽医官通领全国兽医工作，州和县（市）的官方兽医都由国家首席兽医官通管，而不受地方当局领导，以保证公正性，县（市）级官方兽医是行使职权的基本单位，每个县市都设一个地方首席兽医官和另外三个兽医官，分别负责食品卫生、动物健康和流行病学调查三个方面的工作，在此体制下，德国全国共有官方兽医1 600多名。

3. 政府对动物卫生的财政支持

欧盟在动物卫生方面的财政支持主要体现在补贴上。在发生重大动物疫病时，为避免疫情的扩散，一般都要采取扑杀疫区范围内的所有动物，并实施消毒、掩埋或焚毁等处理措施。对于扑杀的动物按照当时的市场价格给予补偿，一般做法是，先由本国政府按规定对农民进行补偿支付，然后再凭借各种凭证接受欧盟的转移支付。一般情况下，欧盟支付对农民补贴的60%～70%，成员国则支付剩下的30%以及防疫费用。如1997年荷兰政府在CSF（经典猪瘟）发生时，依照欧盟法令规定，发现有临床症状及血清检验呈阳性反应的猪全部扑杀，并在感染猪场3千米半径内设置保护区，禁止所有动物移动，10千米半径划为监测区，立牌公告禁止猪只进出。补偿金是由政府及养猪产业协会共同成立的"养猪基金"发放，发病猪依照市价50%补偿，疑似病猪依照市价100%补偿，所有场内器具依照成本100%补偿，补偿完成后，再凭借支付凭证接受欧盟的转移支付。

欧盟的财政补贴范围也较广，并且"补""罚"分明。在欧盟，如果动物疫病暴发，畜禽养殖户将依据动物防疫法得到补偿。补偿范围包括被正式命令销毁的动物、销毁命令下达后死亡的动物，以及死后被认定为属于须申报疾病的动物。补偿既不考虑税收，也对间接经济损失没有补偿，如受疫区限制和相应的销售禁令影响而造成的损失。此外，如果畜禽养殖户未能遵守法定的疫情预防和控制的有关规定，他们将无权获得补偿，或根据过失轻重相应减少补偿金的数额。如在1997年荷兰暴发 CSF 期间，如果生猪饲养户偷打疫苗，一旦查出血清抗体呈现阳性反应，必须全部扑杀但不发放补偿金。

欧盟的补偿认定很明确，欧盟明文规定，补偿认定主要由官方兽医机构执行，官方兽医在接到动物养殖者的请求后，一定要在动物销毁前后迅速估算出动物的价值，计算出补偿数额。补偿资金来源主要包括两部分：一是政府财政支出，另一部分是由养殖户所交纳的动物疫病基金。

三、加拿大

1. 动物卫生相关法律法规

首先是规定了与动物饲喂有关主体的地位等内容。在法律上明确规定兽医协会、养猪协会、奶牛协会、动物标识协会等协会组织在动物卫生、食品安全、动物标识与溯源、职业兽医管理等方面的行业自律、管理的地位、权利和作用。

其次，政府规定兽药的使用行为。加拿大政府制定、公布兽药禁用、限用、使用规定，规范兽医用药行为，在屠宰场、市场定期抽查监测安全质量；建立并实行违规产品召回制，对违法者实施处罚。具体过程方面的控制要求则由加拿大有关养殖协会在行业内组织实施。

最后，在法律上划清联邦政府与地方政府在动物卫生与食品安全管理方面的事权。加拿大食品检验署负责防控32种重大动物传染病，其余由各省自管；食品检验署负责进出口和省际间调运的动物及产品检疫和食品安全检验，省内消费与调运的动物及动物产品由各省自己负责检疫检验。

2. 官方兽医制度

加拿大食品检验署的兽医工作环境广泛，对于一些关键性的任务节点作用突出，他们的工作包括教育公众和业界官员，让他们认清进口动物产品的潜在危害，并检查和认证动物和肉类产品，为国内和国际市场把关，在加拿大食品安全发挥了关键作用，形成了第一道防线，对许多动物之间、动物和人类之间的疾病传播，起到了关键性的阻拦作用，为食品业和畜牧业发展贡献颇丰。

加拿大官方兽医制度和美国一样，采取的是联邦垂直管理和各州共管的制度。另外，加拿大自有的特点是兽医工作的评估、决策与实施三位一体，构成了相互促进、相互制约、相互链接、确保落实的工作机制。这种评估、决策实施三大职责相互平行的结构关系，相对于塔形结构而言，其决策将更具科学性、合理性，其实施将更具有效性。

3. 政府对动物卫生的财政支持

首先是联邦政府管理的工作，其所需经费全部由联邦政府预算支出，请省级配合或请私人兽医协助，也全由联邦政府买单。例如，2004 年大不列颠哥伦比亚省发生高致病性禽流感 H7N3 疫情，加拿大食品检验署温尼伯兽医实验室确诊后，立即组织力量制定应急扑灭决策，划定半径 3 千米疫区，5 千米受威胁区，出动 110 余人，动员地方政府兽医行政部门和职业兽医协助进行封锁、扑杀、消毒、无害化处理等，历时 3 个月，扑灭了疫情。这起疫情共扑杀了 1 630 万只禽，涉及 410 个养殖场，其扑杀经费 6 300 万加元均由食品检验署支付。此外，参加扑灭工作的地方政府人员和职业兽医的用工费、加班费以及地方兽医部门分工负责的无害化处理经费也均由食品检验署支付。

其次，加拿大为相关协会提供经费保障。除委托协会组织实施动物卫生、食品安全、动物福利等项目并直接支付项目经费外，重点是在法律上规定协会的政策性收费。如阿省猪肉理事会每屠宰 1 头牛和猪可分别收取 1 加元，出售一头仔猪可收取 0.25 加元。牛标识管理协会每一枚耳标收取 0.2 加元；兽医协会可收取资格考试费、审核发证费等。

四、澳大利亚

1. 动物卫生相关法律法规

澳大利亚是联邦制国家，所以联邦农林渔业部只负责动物卫生的总体工作，各州、行政区负责本地的具体工作，在动物卫生立法方面同样如此，澳大利亚农林渔业部只有《检疫法》一部法律，该法律于 1908 年颁布，目前一直没有修改，仅增加了部分配套法规。具体到动物疫病控制方面的法规，则由各州、行政区自行制定，如新南威尔士州就颁布了《外来动物防疫法》《外来动物疫病管理条例》《家畜疫病法》《家畜疫病管理条例》《养蜂法》《养蜂法管理条例》及《州紧急疫情与赔偿法》等，其他各州也都有类似的法规。

2. 官方兽医制度

澳大利亚兽医工作管理分联邦政府和州政府两级。联邦政府负责制定动物疫病防治政策、进出境检疫、国际贸易谈判以及生物安全管理和组织开展新发病和外来病防治等。州政府在本州范围内具体实施动物疫病的监测、控制和扑灭等工作。

澳大利亚联邦政府的兽医主管部门是农渔林业部，农渔林业部设首席兽医官直接对部长负责，首席兽医官办公室设在农林渔业部的产品安全和动植物保护司；各州政府兽医管理机构一般设在基础产业部，内设首席兽医官和动植物卫生机构。州基础产业部根据工作需要，在州内的不同区域内设办公室，执行疫病防治措施。

　　除政府机构外，澳大利亚还设有澳大利亚动物卫生联合会、肉类安全委员会等半官方非盈利机构，这些机构主要由联邦政府和州政府的农业部门、相关科研和诊断机构、畜牧兽医组织以及重要企业的人员共同组成，主要职能是协调政府和企业之间的关系，参与制定动物疫病防治方案等，此外，还设立了生物安全合作研究中心，专门从事新发病研究，其合作伙伴包括部分联邦和州政府机构、兽医机构、大学、动物和医学研究机构以及企业等。

　　澳大利亚兽医队伍由政府兽医、实验室和大学兽医以及执业兽医构成。经过全日制本科教育的兽医专业毕业生毕业后可直接注册取得执业兽医资格，由州政府颁发执业证书。全澳共有 5 所大学设有兽医本科以上专业，每年毕业生 300 名左右。其他人员申请兽医资格，必须通过所在州组织的全国兽医考试，达到联邦政府规定的兽医资格条件后向所在州兽医管理协会注册。

3. 政府对动物卫生的财政支持

　　一是明确动物疫病防控经费的支出范围。根据澳大利亚"政府与业界间突发动物疫病应对计划"规定，动物疫病防控经费的支出范围主要包括人员薪金、防控过程运转费、疫病防控资金成本，以及消灭疫病需要支付的补偿费用等 5 项。

　　二是明确防疫经费来源渠道。"政府与业界间突发动物疫病应对计划"规定，在疫病防控经费来源中，需由政府基金负担的，统一由联邦、州及地方政府财政资金保障；需由企业基金负担的，对加入协议计划的牲畜生产企业，按各企业年产值的 1% 提取共同基金。

　　三是建立合理的防疫费用分摊体系。首先，需由政府基金负担的疫病防控经费，联邦政府统一负担 50%，剩余 50% 由暴发疫病的各州按人口数量比例、牲畜数量比例、牲畜产业产值比例等按权重比例分担金额，由州及其所辖地的政府各负担一半。其次，需由企业基金负担的疫病防控经费，综合企业产值、按牲畜种类划分的企业类型、牲畜数量、疫病种类等因子设计权重计算公式，并确定各企业负担比例。

五、畜牧发达国家动物卫生管理对中国的主要借鉴

1. 官方兽医与垂直管理体系

在欧盟、美国、澳大利亚等发达国家，普遍实行官方兽医管理制度。官方兽医由国家兽医行政管理部门垂直领导并提供经费支持和保障，可有效地排除地方或企业不正当的干扰，从而大大避免了地方当局或生产企业受利益驱动而设置的障碍或地方保护，增加了兽医执法的公正性和有效性。

2. 疫病应急处理所需的物质保障和技术保障相结合

疫情应急所需资金和物资储备充足。各国十分重视疫情应急处理过程中疫病监测、诊断、控制和扑灭、技术培训等工作的经费保证，对动物疫情应急基础设施建设、强制防疫物资储备也有足够的经费投入。澳大利亚虽然已消灭口蹄疫，但仍然掌握七种口蹄疫疫苗的生产技术，并随时储备 50 万头份疫苗应急。各国十分重视疫情应急处理过程中疫病监测、诊断、控制和扑灭、技术培训等工作的经费保证，对动物疫情应急基础设施建设、紧急防疫物资储备也有足够的经费投入。

3. 国内和外来动物疫病监控相结合

美国政府机构对动物疫病的监控、根除和外来动物疫病的防范非常重视，除常规进出境动物检验检疫管理外，还制定了较系统完整的疫病监控和紧急应对措施，长期坚持对全国的动物疫病状况进行严密监控。采取包括疾病监控、突发性疾病紧急应对和定期开展技术培训等方式，调动全国兽医力量，共同实现对动物疫病的有效监控。在紧急疫情监测、诊断、免疫、流行病学调查以及风险分析等方面，各国都有相应的财政政策予以技术支持。美国等国家建立了国家外来动物

疫病诊断实验室，专门从事外来动物疫病研究、检测工作，并向其他国家提供诊断试剂和技术服务。

4. 扑杀补贴和防疫补偿相结合

发达国建或地区大都建立了重大动物疫病扑杀补贴制度，补贴的标准是以市场价格为依据。疫情发生时，扑杀健康动物由政府赔偿100%的损失，在丹麦，国家同时还负担20%的空场补贴，发生的消毒费用由国家支付，但清洗费用由农户负担，阳性动物扑杀和处理费用则完全由政府支付。发达国建或地区发生疫情后，政府的兽医部门对发病畜禽进行检查、预防注射、接种疫苗时导致的副反应或非正常死亡，将由政府给予治疗或死亡补贴。

5. 技术基础设施投入和技术支撑体系建设投入相结合

计算机技术和网络传输已广泛应用于发达国建或地区动物防疫工作的各个部门与环节，尤其是地理信息系统、气象技术资料、多媒体演示技术、网络传输等技术已广泛应用于动物疫情的传输、统计、分析、预警、预测、预报、风险控制等工作领域，使动物防疫工作做到了管理科学、分析科学、显示形象逼真。美国农业部在提交国会的预算中，大部分用于重大动物疫病防控的技术基础设施升级，以保障其运作安全性，同时构建以农业部农业研究所、各农业院校和农业部诊断实验室为主体的技术支撑体系，建立统一快速的检测诊断网络，增强应急反应能力。

第四篇 政策建议

　　未来 10～30 年，中国畜牧业总体规模将继续增大，养殖方式向规模化、集约化发展；人民生活水平持续提高，对动物性食品安全要求越来越高；动物和动物产品国际竞争也越来越激烈。这种趋势对动物卫生的管理，特别是重大动物疫病防控和畜产品安全监管提出了更高的要求。为适应未来动物疫病和畜产品安全监管的需要，课题组在研究分析近年来中国动物卫生管理工作取得的成就和经验，结合农户调研分析了实际工作存在的主要问题，并跟踪和介绍了国外在动物卫生管理方面的经验。针对当前中国的动物卫生管理工作所存在的主要问题，结合中国动物疫病防控和畜产品质量安全保障建设进展，参考发达国家在这些方面的成功经验，现建议如下。

一、深化体制改革

　　2005 年，国务院出台了推进兽医体制改革的意见，将中国的兽医工作向前推进了一大步。从当前兽医体制改革的情况看，在过去管理体制上作了部分修补，对部门进行调整、更名，增加了人员编制、全额拨款，基本理顺了"行政管理"、"行政执法"、"技术支持"三大体系，但一些根本问题仍没有得到解决。

1. 深入建设官方兽医制度

　　完善中国官方兽医制度有利于促进中国动物卫生和畜牧业发展。横向看，20 世纪发达国家通过兽医体制改革，动物卫生状况得到了良好的改善；重大动物疫病已根除，地方病已在监控计划之列，并正逐步纳入根除计划之中；动物源性食品安全度较高。纵向看，中国按照国际惯例设立国家首席兽医官及相关改革，并赋予相应的责任和职权，使得动物卫生管理与国际接轨，工作成效更易获得国际认可，如OIE 分别于 2008 年、2011 年认可中国为牛瘟、牛肺疫无疫区。

（1）科学界定官方兽医职能和权责

官方兽医主要负责动物疫病防控和畜产品安全的监管等公益性事务，监督和规范执业兽医的各项日常防疫和诊疗活动。各级兽医工作机构中的在编人员并非就一定是官方兽医，各级兽医机构中取得专业技术职称（兽医师或高级兽高级兽医师职称）的人也不一定就是官方兽医，即是说官方兽医必须是有较高专业素养和政策法律水平，同时又有很强责任心人的兽医工作者，除此之外还必须具备国务院兽医主管部门颁发的资格证书。目前，中国官方兽医资格确认和官方兽医培训正在推进，对官方兽医的失责追究等问题应纳入正在起草中的《兽医法》或依照《公务员法》单列官方兽医行为规范，否则动物卫生监督执法"六禁止"等部门规定难以落实。

（2）健全中央和地方分工负责的管理模式

畜牧业发达国家的经验表明，垂直和水平管理相结合的动物卫生管理模式有益于提供管理效率和成效，即行政管理实行垂直模式（包括联邦/中央垂直和地方垂直两种）而具体动物卫生实施工作实行分区的水平管理模式。

行政管理上，中国按照各级地方人民政府对本地的动物疫病防治和畜产品安全负责的原则，实行省级以下垂直管理的兽医官制度，全面负责本地动物疫病防控工作的实施和畜产品安全监管。行政执法上，中央可在华北、东北、华东、华南、华中、西南和西北等七个区域或者根据国家动物疫病中长期规划的"一带三区"区域化管理需要设立国家兽医局分局，统一协调区域内动物疫病防控和畜产品安全监管工作，监督国家各项措施的实施，仲裁动物和动物产品流通过程中出现的矛盾，这样可以克服全局利益和局部利益矛盾及地方保护主义等多种弊病。

2. 尽快完善执业兽医制度

实行执业兽医制度是世界各国通行做法。执业兽医是动物疫病防控的主体，执业兽医水平的高低，直接影响动物疫病防控的效果，建立一支高水平的执业兽医队伍，对更好地利用社会资源，充分发挥各方面的积极性，做好各项动物疫病的日常防治工作，有效控制重大动物疫病，有着重要的现实意义。但是，目前中国执业兽医制度建设尚处于起步阶段，兽医协会组建成立、执业兽医资格考试全面开展均不到5年，与兽医事业发展需要还存在较大差距，需尽快完善、全面推进执业兽医制度。

（1）建立健全执业兽医资格准入制度

明确执业兽医从业范围，鼓励将企业兽医人员纳入执业兽医资格准入范围，提高兽医社会化服务水平，国家兽医工作人员逐步纳入执业兽医资格准入范围，提高兽医公共服务能力；完善执业兽医考试制度，制定执业兽医队伍建设规划，有计划、有步骤、均衡地推进执业兽医队伍建设，实施兽医教育认证制度，推动兽医教育与执业兽医资格考试制度有效衔接。

（2）建立健全执业兽医注册管理制度

强化执业兽医注册管理，规范执业兽医注册行为，严格按照执业兽医资格证书标明的类别，明确执业兽医从事兽医服务活动的范围。

（3）建立健全执业兽医从业管理制度

规范执业兽医从业活动，引导执业兽医普及兽医政策法律、动物防疫、兽药安全使用和动物福利知识，支持执业兽医到基层执业；强化执业兽医从业监管，严肃处理执业兽医不履行动物疫情报告和参加动物疫病预防控制义务、违反有关动物诊疗技术操作规范以及使用不符合国家规定的兽药和兽医器械等违法行为，打击"无证行医"、"借壳行医"和"游医"行为；构建执业兽医从业诚信体系和统一的执业兽医管理信息平台，充分发挥兽医协会在执业兽医制度建设中的作用。

（4）探索建立执业兽医继续教育制度

根据执业兽医继续教育特点和规律，探索构建组织多元化、形式多样化、内容个性化的继续教育培训机制，充分利用各种教育培训资源，开展兽医政策法律、新技术、新成果培训，不断提升执业兽医服务水平。

3. 推进基层兽医队伍建设

根据中国目前基层兽医队伍不稳、基层防疫工作留"余地"、人员素质差的现状，按照兽医管理体制改革要求，重点是要稳定和加强基层防疫队伍。加强兽医工作人员的法律法规和技术的教育培训，不断提高兽医工作人员的政治素质和业务水平，形成一支技术过硬、服务及时周到的基层兽医队伍，满足重大动物疫病防控等工作的需要。

（1）加大基层兽医培训力度

强化乡村兽医师资培训计划，按省按年度编制乡村兽医和村级防疫员培训规范和培训材料，分类开展乡村兽医、兽药营销员培训和职业道德教育工作。

（2）推进乡村兽医登记注册工作

及时修订《乡村兽医管理办法》，严格审核乡村兽医登记条件，规范登记程序，明确从业范围，建立健全乡村兽医管理档案，逐级登记审查、逐级汇总乡村兽医登记信息，及时审核颁发乡村兽医登记证，全面推进乡村兽医登记注册管理工作。

（3）提高基层动物防疫人员工作补助

中国通过购买劳务形式聘请村级防疫员，承担免疫接种、畜禽标识加挂、免疫档案建立和动物疫情报告等工作。由于工资过低，造成村级防疫员工作积极性不高，工作质量受影响，并间接影响农户对防疫工作等政府服务的认知和态度，应因地制宜地提高基层动物防疫人员工作补助。

二、完善管理措施

高致病性禽流感和"三聚氰胺"奶粉事件的暴发，一时对中国畜牧业造成了严重的影响，为了促进畜牧业的可持续健康发展，国家陆续出台了一系列措施和财政支持政策，促使中国的动物疫病防控、危机处理、监测预警等管理水平得到了明显提升，中国有了覆盖全国的强制免疫网络、疫情监测和报告网络、产地检疫流通检疫网络及信息化平台、兽药残留监测网络，应该来说动物健康和畜产品质量有了更严密的"安全罩"，但一些危机根源仍没有得到消除，许多涉及生产者日常生产行为的管理措施有待建立健全。

1. 强化日常防控措施

落实《国家中长期动物疫病防治规划（2012—2020 年）》需要采取一系列综合措施。仅靠一两种手段只能作为应急，要有效控制疫病，并根除一些重要疫病，必须采取综合措施。2004 年中国发生高致病性禽流感疫情后，国家出台了一系列政策措施，制定了《重大动物疫情应急条例》及各类应急预案，采取对禽流感、口蹄疫、高致病性猪蓝耳病、猪瘟等实行全面强制免疫，这对应对突发疫情，控制疫病大规模暴发流行发挥了重要作用。但仅依靠这些措施也出现了一些问题：病原长期存在不能根除，散发疫情不断出现，免疫不到位的地方或疫苗效果不好时，随时在局部暴发疫情，一些疫病在一些地方或养殖场长期存在。为长期有效控制疫病，重点消灭一些危害严重的动物疫病和人畜共患病，应调整当前动物疫病防控战略和策略，将以免疫和扑杀为主的综合防控策略，调整为预防为主，应急与强化日常防控措施相结合，重点逐步放到疫病防控的各项基础工作上来，长短结合，以利于防控工作的持续发展。

（1）实施种畜禽场疫病净化计划

引导和支持种畜禽企业开展疫病净化，建立无疫企业认证制度，制定健康标准，强化定期监测和评估，建立市场准入和信息发布制度，分区域制定市场准入条件，定期发布无疫企业信息，引导种畜禽企业增加疫病防治经费投入。积极开展"无特定病原体"化繁殖体系建设，并首选在无规定动物疫病区内建设，通过"无特定病原体"化垂直引种机制，从源头净化动物疫病。在区域垂直净化的基础上停止免疫，再结合水平净化的区域化管理模式，在非免疫无疫区周围进行扩展延伸，做到集中连片，最终实现由点到面的全国范围内的动物疫病净化无疫的目标。

（2）推行生物安全隔离区评估认证

动物疫病区域化管理是当前国际通行的动物卫生管理模式。作为OIE 提出的一种新的动物疫病区域化管理模式，生物安全隔离区评估认证尤其适合禽流感等难以通过边界控制措施阻止其传入传播的疫病。可以在整个国家或地区范围内没有消灭某种疫病的情况下，通过生物安全管理和良好饲养规范实现特定动物群体与其他动物群体间的功能性隔离，促进疫病控制，保持贸易持续。

（3）将生物安全体系好坏纳入标准场考核指标

引导养殖者独立封闭饲养，选择好养殖场地位置。支持农户发展为规模场，规模场发展为标准场，最重要的是防疫基础设施建设和生物安全制度的执行。虽然中国多年来一直鼓励标准化养殖场建设，但对标准化养殖场的考核标准较缺少生物安全方面的量化指标，一些地方甚至将标准场简单量化为规模场中的大场，造成标准化建设补助用于简单地扩大规模，较少改善生产环境。

（4）有序减少活畜禽跨区流通和关闭活禽交易市场

据流行病学调查，一些畜禽疫病在畜禽价格较高及家禽集聚的地区多发，表明了这种流动对动物疫病传播起着重要的作用。活禽市场夹杂着患病家禽，家禽粪尿、血污难以及时彻底清洗，极易造成疫病传播和环境污染，2013 年 H7N9 型禽流感监测阳性样本全部来自活禽市场，表明混乱的活禽市场为病毒变异提供了"温床"。

2. 加强农户技术服务

长期以来，中国的饲养业一直是以农户家庭散养为主的小规模大群体的养殖模式。虽比较适应现阶段中国农村劳动力生产水平和小农经营体制下生产习惯，同时也符合农户资本能力的状况，但与规模化的养殖企业相比，农户目前拥有的饲养设备和饲养条件较差，饲养密度较大，缺少必要的排污及消毒设施，疫病防控过分依赖药物，轻防重治，由于频繁用药、不合理用药增强了病原耐药性，陷入"药越用越高级，剂量越加越大，时间越服越久"的恶性循环。

（1）对养殖大户和创业户按期培训

不少农户之所以长期养殖量低，如果扩大养殖量，疫病发生率、畜禽死亡率又随之上升，亏损严重直至对养殖业失去信心、放弃养殖，无法发展为规模场或养殖企业，除资金限制外，他们普遍没有技术优势和透析市场的眼光。究其原因，一是农户自身文化水平不高、缺乏专业知识，二是政府技术培训和服务长期不到位。农户职业教育的缺少，限制了一些农户试图把家庭养殖发展为小型企业养殖的意识和行动。萌生创业意识的农户也因缺乏与有关部门交流的平台而停滞于意识。对养殖户按期培训，有利于这些农户做大做强，平抑散养农户过快退出生产市场带来的市场价格波动。

（2）探索与各级龙头企业合作

一些地方畜牧兽医部门往往推托于千家万户分散饲养，加大了技术服务和监督管理的难度，除强制免疫外，对农户不管不问，而乐于对已有养殖企业提供技术服务。已有中小养殖企业，往往希望获得更多资金支持（其技术服务大多市场化），所以与畜牧兽医部门合作紧密。实质上，地方畜牧兽医部门，无论行政管理部门、行政执法部门，还是技术支持部门，其监管监测等其他事务都日益繁重，任职人员多不在生产一线，所以政府独自指导农户生产的技术服务能力在减弱。相反，一些以提高生产效率、保证市场销售、扩大养殖利润为目的的大型养殖企业，包括种苗、饲料、兽药等生产商，它们的技术服务能力在数年数十年的市场开拓实践中得到大幅提升，多年来，政府财政补助资金也重点支持了这些龙头企业。目前，部分龙头企业致力于改善畜产品质量以获取市场竞争力，且希望获得政策支持。不妨探索与这些企业合作，以带动农户生产效率提高、农户转为小型企业等法人等上期扶持资金效益考核指标，作为下期扶持资金分配的考核指标，努力构建"企业＋养殖基地"、"企业＋合作社"等屠宰动物来源明确型肉蛋奶供应商。

3. 建立市场准入机制

市场准入制度，是政府或其授权机构准许公民和法人进入市场从事商品生产、经营活动所必须满足的条件和必须遵守的制度与规范的总称，它是市场经济发展到一定历史阶段的产物，是为了保护社会公共利益而逐步建立和完善的。从国际经验来看，动物及动物产品市场流通与销售也需要市场准入，这样才能从源头提升畜产品质量、提高政府监管效率。

（1）有证才能进入市场销售

2013年的中央"一号文件"要求，加快培育新型农业经营主体，加大对联户经营、专业大户、家庭农场、农民合作社等的扶持力度。安徽省砀山县2012年7月组建了安徽强英鸭业集团公司产业经营组织联合体，形成以安徽强英鸭业集团有限公司为龙头，以养殖专业合作社为联合体纽带，以100个家庭农场为基础的"龙头企业＋合作社＋家庭农场"三位一体运作模式，直接带动农户650家进行养鸭生产。在扶持该类经营组织联合体一定时期后，实施强化监管措施。适时出台畜禽销售市场准入，只允许畜禽流通经纪人、屠宰加工企业从农民合作社、家庭农场、养殖企业等持证法人单位收购畜禽，逐步引导农户养殖必须依托于养殖合作社、家庭农场、养殖企业等持证法人单位；并及时出台养殖业法人监管细则、扶持资金效益考核指标。

（2）有证才能做畜禽流通经纪人

虽然目前国家劳动和社会保障部制定了农产品经纪人职业资格制度，所有在农村从事农产品经营中介活动的人员都需要经过培训取得农产品经纪人职业资格证书，持证上岗。但国家劳动和社会保障部将农产品经纪人职业资格的管理行为授权给中华全国供销合作总社，由中华全国供销合作总社根据授权实施行业培训，制定行业标准以及资格证书的管理工作。由于病死畜禽违法收购流通严重威胁到公共卫生安全、食品安全，所以在美国，食品和药物管理局（FDA）总管了绝大部分食品安全，但肉类、家禽及蛋类以外，美国畜产品由农业部管辖；2013年中国国务院机构改革，明确农业部负责农产品质量安全监督管理，商务部的生猪定点屠宰监督管理职责回归农业部。可见，动物及动物产品卫生相关的管理由农业部独立负责是发展必然。故建议畜禽流通经纪人上岗证由农业部门管理，并考虑到畜禽流通经纪人与屠宰企业不法利益联系紧密，经纪人分属不同屠宰企业，经纪人违法连带追究屠宰企业责任。

4. 强化安全监测体系

无论疫情监测，还是投入品、畜产品监测，都围绕养殖场户养殖生产进行，前者有利于场户知晓防疫质量，后者有利于实现场户健康养殖。

（1）根据疫病流行情况及场户需求，强化日常监测

充分利用省、市、县动物疫病预防控制机构三级实验室及地方疫情测报站，进行养殖场户强制免疫质量抽查和免疫抗体检测服务。一是实施免疫效果监测计划，扩大监测数量和频次。春秋防时开展对重点畜禽饲养场、活禽交易市场和生猪屠宰场、以乡镇为单位的散养户的免疫抗体进行抽查监测。及时通报和分析免疫效果情况，合格率不达标及时进行补免强免，实现以测促免、以测督免。二是加强对养殖场户免疫抗体的跟踪监测。加大日常监测力度和频率，通过复查，对监测数据进行比较，评估效果，确保免疫抗体水平达到标准；通过复查，对可能引发疫情的倾向性、苗头性问题及时通报，做好应对准备，防患于未然。

（2）扩大饲料监测范围，覆盖养殖场户自制饲料

目前越来越多的饲料经营户包括部分农户购买小型的饲料加工设备，按照农户提供的原材料或添加剂预混料进行来料加工，收取加工费用，既无加工记录，又无加工标准，预混料或药物添加剂加多加少仅凭经验，随意性较大，药物残留无法控制，给畜产品生产带来较大的安全隐患，而现行的饲料管理法规对来料加工的管理缺乏明确的法律条文，缺乏处罚依据。所以应尽快将饲料安全抽检工作覆盖到各类农户、规模场的自制和外购饲料成品，及时完善相关法律法规，做好兽药、饲料的管理工作，加大对兽药、饲料市场和养殖场户的监管和检查力度，打击违法经营、使用行为。

（3）加强畜产品中药物残留监测工作

加大监测面，增加监测数量、品种。对监控计划进行科学分类，

实现普查性计划和重点监控计划。完善后续处理措施、残留追溯、违规信息通报等工作。建立质检与通报、处罚连接机制。

5. 加大财政资金投入

目前中央政策涉及农户的养殖补助种类较少、标准较低,尤其是缺少病死畜禽无害化处理补助、畜禽扑杀补助标准低,这直接导致病死畜禽非法流入消费市场、染疫畜禽非法流通扩散疫病,严重影响动物卫生和畜产品质量安全。

(1)扩大病死动物无害化处理补助范围

由于中央政策[1]的局限性,小规模生猪养殖场及散养户无法享受病死猪无害化处理补助。积极配合有关部门共同探索建立一套适合中国及各地实际的病死动物无害化处理办法、管理制度,扩大病死动物无害化处理补助范围,对散养户无害化处理病死猪进行补贴;制定病死猪保险制度,将所有养猪场(户)的生猪都纳入病死猪保险范畴;将病死猪无害化处理的设备纳入农机补贴范围;在生猪养殖重点地区,由当地政府组织建立和推行病死猪集中处理,并制定相应的配套政策,落实保险、财政补助政策等措施。

(2)逐步实现畜禽扑杀按市价补助

以禽流感扑杀补贴[2]为例,虽然在相当长的时期内禽流感的威胁仍然存在,但随着中国禽流感疫情防控体系的建立和完善,高效疫苗及防治药物不断问世和成熟,禽流感的年发病数及扑杀数相比2004—2006年高峰期大大减小,年度扑杀补偿财政总支出比较而言,逐步提高扑杀补偿标准并不会加重国家及地方的财政支出。相反,疫情扩散带来无法构建无特定疫病生产区,不适合家禽养殖的村镇县扩大,原本家禽生产优势区变为禽流感重灾区,造成经济损失是长期性

---

〔1〕 2011 年 7 月,国家出台政策,对年出栏 50 头以上生猪规模养殖场无害化处理的病死猪给予每头 80 元的无害化处理补助经费。

〔2〕 2004 年 2 月,国家出台政策,禽流感扑杀补助经费由中央财政与地方财政负担。扑杀补助标准为:鸡、鸭、鹅等禽类每只补助 10 元,各地可根据实际情况对不同禽类和幼禽、成禽的补助有所区别。

的、难以估量的。关于生猪发生口蹄疫、牛羊发生布鲁氏菌病，因扑杀补偿低造成的国民经济影响、国民健康危害更严重。可以说，提高扑杀补偿标准，逐步实现畜禽扑杀按市价补助，不但有利于稳定农牧民收入，更是利国利民的举措。

第二部分 研究报告

第一篇 构建中国畜产品质量安全保障体系的关键举措

摘 要：近年来畜产品质量安全事件频发，引得各方高度关注。本文分析了中国畜产品质量安全的主要影响因素及深层问题，借鉴国外发达国家先进经验，提出了保障中国畜产品质量安全的关键举措。

关键词：畜产品质量安全；因素

畜产品质量安全是指畜产品质量符合保障人的健康、安全的要求，不应含有可能损害或威胁人体健康的因素，不应导致消费者急性或慢性毒害或感染疾病，或产生危及消费者及其后代健康的隐患。近年中国畜产品质量安全事件频出，不仅严重威胁到人民的健康水平，而且在相当程度上制约了相关产业的发展。保障畜产品质量安全已成为当今社会公共卫生安全工作的重要内容，是现代畜牧业建设的重要目标和任务。

2010年2月，中国成立国务院食品安全委员会，2013年3月国务院机构改革后，组建了国家食品药品监督管理总局，从管理机构上实现了食品安全监督管理职责整合。但与发达国家相比，中国畜产品质量安全工作仍任重而道远。

一、保障畜产品质量安全的现实意义

随着畜牧业快速发展，目前中国肉蛋奶供应充足，城乡居民"吃得上"问题基本解决，但对吃得好、吃得放心的要求也越来越高，保障动物产品质量安全意义非常重大。

1. 维护畜产品消费安全是构建和谐社会的必要条件

畜产品是人类赖以生存的重要食物，也是人们增强体质的重要营养来源。畜产品质量安全事关人民身体健康和生活质量的提高，加强畜产品质量安全管理，才能满足消费者吃上"放心肉"、喝上"放心奶"的基本要求。改革开放 30 多年，伴随中国经济总量不断攀升，贫富差距在拉大，消费者购买力差异扩大，然而"民以食为天"，若只有少部分人享受到了高端有机畜产品，而大部分人却吃着不安全畜产品，势必积蓄社会矛盾，不利于和谐社会的构建。

2. 加快农业产业结构调整和促进农民增收的必然要求

畜产品质量安全问题影响的不仅仅是居民的消费需求，还影响到了农业产业结构的战略性调整，影响到了农民增收以及整个农村经济的发展。有调查显示，若一直处于专业户养殖方式向规模化、企业化养殖转变的转型升级期，主导力量仍以专业户小规模养殖为主，那么家庭作坊式养殖的小乱差，会造成疫病等诸多畜产品质量安全隐患，影响畜产品产量和农民增收。

3. 建设生态文明和"美丽中国"的现实要求

党的十八大报告首次单篇论述生态文明，首次把"美丽中国"作为未来生态文明建设的宏伟目标，把生态文明建设摆在总体布局的高度来论述。迫切坚持发展与保护并重、质量与效益当前与长远兼顾同步的原则，加快生态畜牧业建设，确保畜产品质量安全，为生态文明建设作出新贡献。

二、影响中国畜产品质量安全的主要因素

畜产品质量安全是个系统工程，涉及畜禽养殖环节、流通环节以及畜产品的加工环节，从"田间到餐桌"的每一个环节出现问题都可能导致畜产品安全事件（表）。

表 近三年来国内发生的主要畜产品安全事件

报道时间	事件	类型
2011 – 04	南京、合肥等地牛肉膏事件	加工
2011 – 04	陕西榆林学生牛奶中毒事件	加工、流通
2011 – 10	北京"美容猪蹄"事件	加工
2011 – 12	蒙牛牛奶黄曲霉毒素超标	养殖环境
2012 – 01	山东"橡皮鸡蛋"事件	加工、流通
2012 – 05	双汇产品菌落总数超标	加工、流通
2012 – 06	伊利部分奶粉含汞召回事件	养殖环境
2012 – 09	光明乳制品多次质量问题	加工、流通
2012 – 12	山东"嗑药速生鸡"事件	投入品
2013 – 03	黄浦江"漂猪"事件	动物疫病

1. 养殖环境

在畜禽的生长过程中，工业三废中的汞、砷、铅等重金属和氟化物等都有可能对养殖所需的水、土壤和空气等自然环境受到污染，动物长期生活在这种环境中，有毒物质就会在体内蓄积，造成畜产品安全事件，在畜产品的加工和流通环节也可能出现污染。研究还表明，公路两侧200～300米范围内的动物就会受汽车尾气中含有的多种有害气体和固体污染物的严重污染。

2. 投入品

玉米、豆粕、糠麸等主要原料在生产过程中可能存在农药残留超标，在存放过程中产生黄曲霉毒素等有毒物质，这些有害成分在畜禽体内蓄集，最终将对人体健康产生不良影响。有些生产者，在饲料中添加大剂量的兽药及铜锌等微量元素，超剂量使用兽药，滥用抗生素，使用不合格兽药，不严格执行停药期规定，出栏上市的肉品有害物残留大大超标。此外，大量"泔水"流向城镇周边用于饲喂家畜，由此造成的危害不可小觑。

3. 动物疫病

多年来，尽管一些重大动物疫病得到有效控制，但由于活畜禽大范围调运依然存在，基层防疫体系尚未健全，防疫基础设施建设严重滞后，中国动物疫病防控形势依然严峻，据典型调查估测，中国生猪的死亡率为 8%～12%，数量庞大的病畜禽如不经过无害化处理，直接引发了诸如黄浦江"漂猪事件"的暴发。在已知的 350 多种动物疫病中，有 200 多种人畜共患病，可以在人类和动物之间互相感染和传播，如果处理不当，很可能从畜禽产品直接传染给人，造成严重的公共卫生安全隐患。

4. 屠宰加工环节

目前，中国仍存在一定数量的小规模屠宰点或屠宰场，这些屠宰场点大多设备简陋，环境卫生条件不达标，加工过程不规范，从业人员卫生素质不高，加之检疫检验不能及时到位，存在严重的畜产品安全隐患。另一方面，畜产品加工领域的非法违规行为问题突出，注水增重、利用病死畜禽加工熟食、违规使用福尔马林等延长保鲜时间等现象依然存在。

5. 流通环节

目前中国只有 10% 的肉类进入冷链系统，而欧美国家进入冷链系统的畜产品比例为 85%，加之包装容器易破损、装运密度过高，造成储运过程中大量畜产品变质。同时，部分经纪人长期贩运畜产品，偶尔才对车辆消毒，极易造成畜产品连环污染。

6. 走私畜产品

2004 年中国部分地区发生禽流感，大量活禽被扑杀，市场供给能力受影响，鸡爪、鸡翅、牛肚等禽畜类副产品境内外差价很大，冷冻畜禽产品走私剧增，同样，在国内生猪价格暴涨时，冷冻畜禽产品走私也会剧增。走私产品没有经过检疫，且一般都低价收购，其中很多为其本国市场无法正常销售的畜产品。

三、影响中国畜产品质量安全的深层原因

1. 市场失灵

畜产品为准公共物品，社会成本大于社会收益，但私人收益大于私人成本，生产经营者往往是"理性经济人"，见利忘责。生产加工经营者与消费者之间信息不对称，消费者无专业质量检测工具，难以发现畜产品质量问题。

2. 管理失灵

多年以来，同发达国家不同，中国食品安全一直沿袭的是分段管理的体制，各管理部门有利可图的环节争先管理，重大质量安全责任相互推诿。相关立法也不能完全适应新形势的要求，现实中以罚代法的问题较多。

3. 传统消费理念制约

由于教育引导不足，普通消费者还存在诸如白条鸡不如活鸡新鲜、肉品膘越少越好等落后消费观念，熏制腌腊制品等传统畜产品加工方法会产生亚硝基化合物和多环芳族化合物，也会带来对畜产品安全隐患。

4. 技术设备缺乏

与发达国家相比，中国畜产品加工工艺及设备落后，畜产品冷链体系建设相对滞后，加之畜产品质量监测设备、耗材、试剂等昂贵，监测对象分散且群体庞大，致使企业内部检测主动性不强、行业监测机构运转不畅。

四、保障畜产品质量安全的关键举措

不可否认，近年来中国畜产品质量安全体系不断健全，各级畜产品监管部门加大监管力度，深化专项整治工作，加强抽样检测，提升标准化养殖水平，推行可追溯体系，强化检验检疫工作，畜产品质量安全水平呈现了稳中有升的态势。但是，保障畜产品质量安全是一项复杂的社会系统工程，与人民群众日益增长的需求相比，中国的畜产品质量安全水平还有很大差距，迫切需要借鉴国外先进经验，进一步健全各项保障措施。

1. 发展标准化养殖

标准化养殖能有效避免或控制产地环境污染、养殖源头污染和动物疫病。产生于美国的 HACCP（危害分析与关键控制点），对原料、关键生产工序及影响产品安全的人为因素进行分析，采取规范的纠正措施，欧盟制订的 GAP（良好生产实践指南）详尽说明了生产中可能发生的质量安全危害及控制处理方法，这些都对中国因地制宜发展标准养殖提供了良好的启示和借鉴。推行标准化养殖需要一些技术参数和基础设施建设，是一个动态的过程。中国各地已鼓励规模养殖场发展标准养殖，同时通过用地限制等措施提高养殖门槛，为推广标准养殖奠定良好基础，建议参照国外经验，制定更为详尽的、可操作性强的标准化养殖生产指南，以提高畜牧业财政支持资金的实效。

2. 开展畜产品安全风险评估

针对畜产品生产链条长、生产环境开放、不可控因素多的特点，国外发达国家广泛地开展畜产品质量安全风险评估机制，搭建了政府与生产者、经营者、消费者之间交流沟通的平台，有助于消费者及时了解畜产品质量安全状况放心食用，有助于生产者和经营者知法懂法合法的生产与经营，有助于为政府畜产品质量安全宏观决策提供科学依据。中国的畜产品安全风险评估但仍处在起步阶段，与发展的形势和监管的要求还存在不小的差距，适时启动开展畜产品质量安全风险评估预警研究，防患于未然，意义重大。

3. 严格执行市场准入

市场准入制度，是政府或其授权机构准许公民和法人进入市场从事商品生产、经营活动所必须满足的条件和必须遵守的制度与规范的总称，它是市场经济发展到一定历史阶段的产物，是为了保护社会公共利益而逐步建立和完善的。数据显示，中国 2010 年饲料企业数超过达到 15 000 家，而美国的饲料产量与中国相当，数量却仅有 300 家。数量庞大的饲料和兽药等企业无疑提高了政府监管难度，也增加了饲料、兽药等投入品污染的风险。建议借鉴国外先进经验，通过推行严格的市场准入制度，强制要求企业必须通过 ISO9000、HACCP 认证，以限制企业数量的盲目增长，培育"内控制度健全、生产流程合理、监督检查有效"的优秀畜牧企业。欧盟从 2006 年 1 月 1 日起，开始实施新的《食品及饲料安全管理法规》，对欧盟各成员国生产的以及从第三国进口到欧盟的水产品、肉类食品、肠衣、奶制品以及部分植物源性食品的官方管理与加工企业的基本卫生等提出了新的规定要求。

4. 完善产品追溯制度

畜禽产品安全追溯是一种国际经验举措，是世界农业发展的必然趋势。中国现行的畜禽产品质量安全追溯系统是农业部动物标识及疫病可追溯体系的一部分，质检、商务等部门在农业部畜禽产品质量安全追溯系统的基础上，通过监督相关行业建立生产录、进货及销售记录等制度来实现生产加工、流通、餐饮等环节的溯源管理。目前中国可追溯体系建设中，取得了较大突破，如耳标正在由二维码扫描耳标升级为电子芯片耳标，识别效果将大大提高。但个别规模养殖户为规避责任风险在耳标佩戴上不配合，基层防疫员和检验员受经济利益驱使出售耳标，畜禽经纪人在收购环节给畜禽佩戴临时购买来的耳标，由此造成"隔山开证"、"动物身份证实效"的现象；"放心肉"可追溯实施过程中，终端使用不方便、常出错，市民不了解，正常运营增加成本，部分批发市场和企业不愿配合，追溯体系成摆设。做好产品追溯，还需进一步强化耳标管理，宣传产品追溯的意义，积极吸纳群众对零售溯源的意见。

5. 健全法律法规体系

法规建设是法规宣传和执法工作的前提。中国制定了一系列畜产品质量安全有关的法律法规，为中国畜产品质量安全监管提供法律依据。发达国家纷纷采用动物福利立法，提高动物福利水准来提高畜产品质量。欧盟于从 2013 年开始实施较以往实施的动物福利法更为严格的动物福利新法规，美国制定了全面的《动物福利法案》，韩国也已开始实行《动物福利畜产农场认证制》。目前，中国第一部关于动物福利评价的标准《动物福利评价通则》尚在制定中。中国应借鉴欧盟等发达国的经验，选择以市场为基础的政策取向，制定全面的政策框架，不断完善立法，早日出台《动物福利法》《畜产品质量安全法》等法规，实现畜产品质量监管有法可依，进而有法必依、违法必究，实现中国畜产品质量安全水平的整体提升。

参考文献

［1］陈景来.畜产品质量安全工作任重而道远［J］.中国牧业通讯，2011（9）：42～44.

［2］刘素英，李艳华.国内外畜产品质量安全对比分析［EB/OL］.http：//www.caaa.cn/show/newsarticle.php？ID＝1728，2004－01－15.

［3］泔水喂猪：公开的秘密［EB/OL］.http：//roll.sohu.com/20111026/n323439990.shtml，2011－10－26.

［4］于新奎，张建强.影响畜产品质量安全的因素分析及对策［J］.山东畜牧兽医，2011（8）：49～50.

［5］冻品走私袭扰闽粤沿海［EB/OL］.http：//news.xinhuanet.

com/focus/2004 – 09/02/content _ 1938651 _ 1. htm, 2004 – 09 – 02.

［6］王玉环，徐恩波.论政府在农产品质量安全供给中的职能［J］.农业经济问题，2005（3）：53～80.

［7］王玉环.中国畜产品质量安全供给研究［D］.杨凌：西北农林科技大，2006：75～79.

［8］张玲妮，于彦辉，王本成.当前畜产品质量安全问题与对策刍议［J］.中国动物检疫，2011，28（1）：16～17.

［9］徐　健，潘军平，宋永海.临安市畜禽生产现状与确保畜产品质量安全的措施调查［J］.浙江畜牧兽医，2011（2）：16～17.

［10］白玉坤.畜产品质量安全监管须建立长效机制［A］."科技进步推进畜牧业现代化"科技论文集［C］.河北，2011.

［11］中国饲料工业协会.中国饲料工业年鉴［Z］.北京：中国商业出版社，2001～2010.

［12］陈生斗，宋丹阳，陈　晨，等.法国、荷兰畜产品质量追溯体系的发展及其启示［J］.世界农业，2007（1）：43～47.

［13］张光辉，陈　静，解金辉，等.完善中国畜肉食品可追溯监管体系的思考［J］.中国食品卫生杂志，2011，23（4）：347～350.

［14］天津市圆满完成农业部2012年动物电子耳标试点工作［EB/OL］.http：//222.35.252.108/tracingweb/login/Detailed.aspx？ID＝634，2012 – 12 – 04.

［15］遂宁：猪肉可追溯系统运行9个月安全查询机成摆设［EB/OL］.http：//sn.newssc.org/system/20121116/000823594.html，2012 – 11 – 16.

［16］南京回应肉类蔬菜流通追溯体系成摆设质疑［EB/OL］.http：//news.qq.com/a/20121207/000535 _ 1.htm，2012 – 12 – 07.

［17］李旭辉，冯志勇.加强动物卫生监督法律法规宣传保障畜产品质量安全［J］.黑龙江畜牧兽医，2011（14）：28.

［18］冯新民，董晓瞻，许少忠，等. 强化动物卫生监督执法工作全面提高畜产品质量安全水平［J］. 中国动物检疫 2007，24（3）：19～20.

［19］高西红. 当前畜产品质量安全现状与对策［J］. 中国畜牧兽医文摘，2011（6）：7-8.

［20］狗肉检验检疫尚属空白，无数问题狗肉流入市场［EB/OL］. http：//news. sina. com. cn/c/2010-01-26/050516992329s. shtml，2010-01-26.

［21］A. Gavinelli，A. Ferrarai. 欧盟关于农场动物福利的法规［J］. 中国禽业导刊，2008，25（8）：9.

［22］欧盟动物福利制度将提高农产品对欧出口门槛［EB/OL］. http：//www. cait. cn/spnc_1/flfg/gwfg/201203/t20120327_101160. shtml，2012-03-27.

［23］麦文伟. 如何跨越国外动物福利新门槛［J］. 中国检验检疫，2012（7）：49～50.

［24］中国将出台首部《动物福利通则》［J］. 中国畜牧杂志，2012（20）：35.

［25］范恩鑫. 畜产品质量安全风险评估预警的构建［J］. 现代畜牧兽医，2010（1）：11～12.

第二篇　养殖户违规使用兽药行为分析

摘　要：养殖户违规用药行为直接影响到畜产品质量安全。本文通过分层抽样，对山东、辽宁两省的畜禽养殖户的兽药使用行为进行了问卷调查，在理论分析养殖户违规用药行为影响因素的基础上，采用二元 Logistic 模型对影响养殖户是否使用限用兽药的因素进行了分析。计量分析结果显示：平时使用过限用兽药的养殖户往往具有文化程度低、从业人数多、产地检疫不严格等特征。

关键词：畜产品质量安全；农户行为；兽药

一、引言

中国是肉类消费和牛羊肉生产大国。据 FAO（世界粮农组织）统计，2012 年中国年人均猪肉禽肉消费量 37.8 公斤。2012 年，中国人均猪肉、禽肉和牛羊肉的消费量分别为 37.8 公斤、13.0 公斤和8.1 公斤，国内供应率均越过 94%，较高的国内供应率很好地回答了"谁来养活中国"的疑问。然而民以食为天，食以安为先，在保证畜产品有效供给的前提下，畜产品质量安全全社会愈发重视。

养殖户作为畜禽养殖的主体，其生产行为影响着畜产品质量安全。目前，畜禽养殖环节的质量安全问题主要表现为：①病死畜禽流入市场，特别是重金属中毒或患人畜共患病的畜禽。②滥用抗生素、偷用违禁药。《中华人民共和国兽药管理条例》明确规定，未按照国家有关兽药安全使用规定使用兽药的、未建立用药记录或者记录不完整真实的，或者使用禁止使用的药品和其他化合物的，或者将人用药品用于动物的，责令其立即改正，并对饲喂了违禁药物及其他化合物的动物及其产品进行无害化处理；对违法单位处1万元以上5万元以下罚款；给他人造成损失的，依法承担赔偿责任。这从法律层面上为畜产品质量安全提供了制度保障。但是现实中，使用环节需监管的群体巨大，涉及广大养殖户，且依法查处须有物证，政府难免监管不到位或监管滞后。那么违规用药的养殖户有何特征、如何更加有效地减少违规用药现象则是本文关注的重点。

二、文献综述

对于兽药使用引发的畜产品质量安全问题，美国的主要治理措施有：①明确责任。药物及饲料药物添加剂使用必须执业兽医的指导监督下使用，政府重点监管兽医，如出现违法，兽医将承担主要责任。肉类检测法将确保肉类安全的最终责任落在屠宰和加工企业身上。②残留监控。美国于1967年开始实施年度国家残留监控计划，要求动物在屠宰前必须检查杀虫剂、重金属、激素和抗生素的残留。③信息公开。建有全国性多部门共享违法残留信息系统，并向公众及时公布多次生产和销售含有非法残留食品的相关企业的名称和地址。④严厉处罚。对于违法者，政府部门以国家名义向法院起诉，严重违法者法院将处以监禁、罚款并罚。欧盟的治理措施主要在两方面：①实现严格的药品流通管制和记录。欧盟养殖人员一般大专以上文化且环保、动物福利意识强，所以其农场操作规范和信息化记录顺利落实。②狠抓药物的"残留"来规制违规用药。欧盟于1971年开始从立法层面处理兽药残留问题，1995年出台了指导成员国进行全面残留监控的96/23/EC指令。通过这些措施的落实，兽药使用引发的畜产品质量安全问题在欧美国家已经得到有效治理。

欧美国家十分注重畜产品质量安全问题研究，但多从技术、生产模式、消费者等角度进行研究，侧重养殖户微观行为的研究较少。B. Petersen *et al.*（2002）根据农场层面的健康管理系统及屠宰、咨询服务记录等，研究并介绍了信息化的畜产品安全监管。J. P. T. M.

Noordhuizena et al.（2005）以荷兰乳品生产为例向欧盟各国介绍了乳品生产过程中的质量控制经验。Terence J. Centner（2003）从规模效益角度，论述了规模经济导致动物集约化、设施化生产，但带来使用大剂量抗生素，美国政府付出了额外监管成本。David L. Ortega et al.（2011）通过选择实验模型获取中国消费者选择安全猪肉的异质性，结果表明中国消费者对认证产品的信息标签有较高支付意愿。Seda Erdem et al.（2012）使用混合 Logit 模型分析调查数据，发现消费者往往认为农民更应负责确保肉品安全，而农民往往认为消费者有更大责任。Linnea I. et al.（2012）通过总结 2010 年美国"沙门氏菌鸡蛋"召回事件相关新闻报道，倡导改变消费习惯、支持监管改革、反思工厂农业。Alexandra Zingg et al.（2012）通过瑞士民意调查发现，对动物接种、治疗的误解以及个人肉类消费量显著影响人们消费意愿，约 1/4 的受访者表示不愿意食用接种过疫苗的动物产品。

在国内，以养殖户调研数据为基础的畜产品质量安全研究较多，大致分为意愿研究和行为研究两类。①意愿研究。刘万利等（2007）将无公害食品和绿色食品生产中允许使用的兽药定义为安全兽药，在四川随机抽样调查 316 个普通养猪户生猪饲养过程中的相关情况。文中选取"是否愿意采用安全兽药"为被解释变量进行了计量分析，结果表明养猪户性别、年龄、养猪年限、是否了解安全兽药效果、是否了解兽药残留对人体有害、兽药使用是否得到政府支持、产业化组织是否提供服务等变量对养猪户采用安全兽药意愿有显著影响。朱启荣（2008）将农业部等部门公告规定禁用兽药名单外的兽药定义为安全兽药，问卷调查山东省 721 个养鸡专业户，结果 67% 的养鸡户不了解禁用兽药公告内容，77% 的养鸡户不了解使用不安全药物及过量用药对人体的危害。文中同样选取"是否愿意使用安全兽药"为被解释变量进行了计量分析。随后，周玉玺等（2010）在介绍绿色养殖模式内涵的基础上，对山东 334 个农户"是否愿意选择虫子鸡绿色养殖模式"作了农户意愿计量分析。孙世民等（2011、2012）在介绍健康养殖、良好质量安全行为的内涵的基础上，对山东等 9 省（区、市）653 家养猪户场调查数据作了养猪户场"是否愿意采用健康养殖"和"是否愿意采用良好质量安全行为"的意愿计量分析。钟杨等（2013）在介绍"绿色饲料添加剂"的基础上，对四川省苍溪县114户生猪散养户"是否愿意采用绿色饲料添加剂"作了农户意愿计量分析。②行为研究。商爱国等（2008）基于质量安全对山东省某市267家养猪场户进行了问卷调查，较为系统地描述了养猪场户对涉及到质量安全相关因素的认知状况及行为特征。文中指出生猪生产者最为看中饲料、兽药见效快且对兽药残留认知不够，而禁用兽药见效快价格低，给不法经销商可乘之机，导致调查中从农业部第193号公告规定的《食用动物禁用兽药及其化合物清单》中抽取的7种兽药每种都有人在用，且有的禁用兽药品种使用率高达73%。胡浩等（2009）在介绍健康养殖内涵的基础上，根据调查数据将上海145个规模畜禽、水产养殖场分为健康养殖和非健康养殖，并作了计量分析。王瑜（2009）基于江苏省542户农户调查数据，对养猪户是否使用药物添加剂、单位生猪每天饲喂的药物添加剂量作了计量分析，结果表明，是否使用添加剂受养殖规模显著影响。王太祥等（2011）对江苏省台东市245个蛋鸡养殖户的调查显示，63%的养殖户使用的是没有经过质量认证的饲料，并以调查数据为材料，对农户是否使用质量认证饲料作了计量分析。陈雨生等（2011）基于山东、辽宁312户海水养殖户调查数据，对"养殖前期是否过量施药""养殖后期是否减量施药"作了行为影响因素计量分析，结果发现养殖户越了解渔药休药期（使用说明书上有）越会在养殖前期过量施药。

分析上述国内文献会发现，虽然计量分析较多，但大多为意愿分析，且存在着一定缺陷。首先，被解释变量的概念较新较抽象。这对于文化水平普遍偏低的农户而言，他们很难在有限的访谈时间内，较好地理解这些概念的内涵。结果往往是农户被动地二选一或调查者代为选择，而不是农户真实意愿的反映。其次，由于道德价值判断等影响，口头愿意的农户，在行动中不一定会愿意。这一点降低了研究的应用意义。本研究的特点在于：①采用行为分析而非意愿分析。②问卷问题设置时尽量避开受访者的道德价值判断。③在理论分析基础上，对调查数据作统计分析。

三、理论分析

根据亚当·斯密、舒尔茨为代表的理性小农理论，在一个竞争的市场中农户的行为像资本主义企业一样，是理性的，追求利润最大化，一般而言，人们关心的仅仅是自己的安全、自己的利益。林毅夫（1988）补充到，农户理性行为要受到外部经济条件、信息搜寻成本、主观认识能力等多重外部制约，是有限的理性。对于当今中国农村养殖户而言，维持家庭生计仍是养殖生产的主要目的，这样看来，养殖户的文化素养、价值取向、风险偏好等内部因素，会左右养殖户是否违规用药，但影响程度可能弱于以下外部环境因素。

1. 兽医影响

在众多购买影响因素中，基层兽医对养殖者兽药购买行为影响重大。一般养殖者兽药使用知识不及兽医，遇到养殖方面的问题，多请教兽医或饲料销售人员，一些不安全但有利可图的兽药使用知识随之被传播开。

2. 兽药销售渠道影响

有的养殖者从当地的畜牧兽医站购买，有的养殖者从个体药品店购买，有的兽药、饲料生产企业甚至直销到农村兽医人员或养殖户手中。兽药销售渠道越多样，违禁兽药的传播途径越多。不规范的兽药销售网络，为违规用药提供了便利。

3. 同行用药行为影响

一项对山东省 721 个养鸡专业户的调查数据显示有 497 户养鸡户承认，他们经常向其同行打听鸡药使用情况，并表示同行的用药行为对他们有一定影响。一旦有同行较先违规用药获利未被发现，便有部分养殖者认为集体违规，政府治理难度大，被查处可能性小。于是在法不责众的"从众"心理和利益诱惑影响下，出现行业内集体违规用药。

4. 养殖利润率影响

从产业链的上下游来看，上游饲料价格不断攀升，尤其是中国大豆产业在国际竞争中失利后豆粕价格受到国际冲击，政府调控稳定价格的力量大为削弱，而在下游畜禽产品消费价格，除受到国家 CPI 调控的影响外，部分产品受到垄断收购商的价格压制。这迫使养殖者保产量降质量以实现"薄利多销"。

5. 畜禽疾病影响

近几年，新增疫病较多且疾病的复杂程度不断加剧，而规模化养殖使饲养密度增加，单个动物活动空间下降，有害气体浓度、病原微生物数量增多，动物生存条件恶化，群体健康水平下降，为畜禽疾病的传播和发生增加了机会。为降低动物病死率，养殖者"陷入了不可持续的经济技术中（Clevo Wilson *et al.*，2001）"，倾向于连续大量地使用抗生素、抗病毒药或其他特效药，而不乐于选择需一次性大额投入的硬件改善。受药动物疗效不好或停药即死，养殖者往往顾不上休药期，而是利用兽药掩饰亚健康畜禽临床症状，以逃避宰前检验。

考虑到养殖利润率和畜禽疾病影响难以准确量化，下文实证部分并不能把养殖利润率和畜禽疾病影响纳入分析。

四、数据来源及描述性分析

1. 数据来源

本研究选取中国畜禽养殖大省山东、辽宁两省为样本采集地点，被访对象为养猪户、养鸡户。调研时间为 2012 年 12 月—2013 年 3 月。调研方式为老师带领研究生入户调查，调查抽样采取分层随机抽样法，每省选取 3 个养殖大县，每个县随机抽取 4 个镇，每个镇随机抽取 10 个养殖户。山东省入户调查进行中由于受到"嗑药速生鸡"

事件的影响，后改为招募培训本科生为调查员，由于调查自家或亲戚家的养猪养鸡情况，由此得到的样本较为均匀地分布于山东省各畜禽养殖大市，为保证调研质量，课题组成员对收回的问卷进行了电话回访。本次调查，两省共获得调查问卷 240 份，剔除养殖场（以从业人数大于 6 为标准）、猪鸡都养户及关键数据缺失问卷，有效问卷203 份，有效率为 85%。

2. 样本特征描述及分析

（1）样本基本特征

样本中山东省养殖户占 48%，辽宁省养殖户占 52%；养猪户占64%，养鸡户占 36%（具体数量见表 2 - 3 首行）。被访者以男性为主（占 91%），年龄集中在 36 ~ 50 岁，文化程度以初中为主（表 2 - 1）。养鸡户平均年龄 41 岁，经检验显著小于养猪户平均年龄47 岁；其次，养鸡户中出现个别大专学历的被访者，养猪户中没出现。究其原因在于：相对养鸡农户家庭养猪规模较小（见表 2 - 1），部分老年人可以在自己家中饲养两三头母猪，而且生猪饲养的疫病风险较小，投入相对较低；肉鸡养殖业多采取"公司 + 农户"模式运营，在经营中存在"高进高出"的特点，投入较大，而且疫病风险远高于生猪产业；蛋鸡养殖周期长、环节多、技术要求高，除非进入时间较长，否则年龄较大的农民一般不敢轻易从事该行业，这也是随机抽样的结果中养猪户多于养鸡户的原因。另外，专业上，被访者专业为畜牧兽医的，养猪户、养鸡户各 5 户，总数不到总样本的 5%。养殖场地上，67% 的养殖户在自家住院从事养殖，30% 的养殖户在村外独立区域，只有 3% 的养殖户是在养殖小区。

表 2 - 1　样本基本特征

特征	分类情况	样本数（户）	百分比（%）
	35 岁及以下	25	12.32
被访者年龄	36 ~ 50 岁	128	63.05
	50 岁以上	50	24.63

（续表）

特征	分类情况	样本数（户）	百分比（%）
被访者文化程度	小学	23	11.33
	初中	143	70.44
	高中、中专及以上	37	18.23
家庭养殖规模①	生猪 30 头及以下	11	8.53
	31～100 头	55	42.63
	101～1 000 头	63	48.84
	1 000 头以上	0	0
	鸡只 300 只及以下	1	1.35
	301～1 000 只	3	4.05
	1 001～10 000 只	44	59.46
	10 000 只以上	26	35.14

① 本分析中参照《2012 全国农产品成本收益资料汇编》附录中的饲养业品种规模分类标准，即生猪养殖饲养数量≤30 头为散养，31～100 头为小规模，101～1 000 头为中等规模，＞1 000 头为大规模；鸡养殖饲养数量≤300 只的为散养，301～1 000 只为小规模养殖，1 001～10 000 只为中等规模，＞10 000 只为大规模。

（2）兽药来源

调查发现，一般大型养殖场都配备有自己的兽医，场内疾病预防、饲料药物添加剂都由场内技术员根据自己场的特点制定有详细方案，兽药等投入品为自己生产或自主采购，例如，辽宁昌图国美绿色养殖场。一些大型养殖合作社，例如，山东莘县合力养猪专业合作社，兽药等投入品为合作社统一订购。这两种情况购买的兽药，质量和安全性都比较有保障。但对于大多数养殖户尤其是家庭养殖户而言，兽药购买还主要为个人在畜牧兽医站或个体经销商处单独购买，主要在龙头企业或养殖协会购买的养殖户不到10%（表2-2）。

表2-2　兽药来源

兽药主要购买处	户数（户）	百分比（%）
个体经销商	99	48.77
畜牧兽医站	87	42.86
龙头企业或养殖协会	17	8.37
合计	203	100

（3）兽药使用品种

农业部公告第 193 号规定《食品动物禁用的兽药及其它化合物清单》序号 1 至 18 所列品种的原料药及其单方、复方制剂产品停止生产，截至 2002 年 5 月 15 日，停止经营和使用，故本文认为养殖户在现实中已经无法购买到这些兽药。然而，序号 19 至 21 所列品种的原料药及其单方、复方制剂产品不准以抗应激、提高饲料报酬、促进动物生长为目的在食品动物饲养过程中使用，未禁止其他用途，也未禁止这些兽药的生产经营，故本研究将这些药定义为"限用兽药"，并认为养殖户在现实中仍可购得限用兽药用于抗应激、促生长。为了了解违规用药情况，且不引起养殖户怀疑，问卷未直接提及违禁兽药，而是选取 2 种限用兽药——苯甲酸雌二醇和安定作为问题答案选项。问题设置为"您平时使用的兽药包括哪些？①抗生素；②安定（地西泮）；③苯甲酸雌二醇；④其他，请注明"。调查结果显示辽宁数据文字答案较少，山东数据除番号外额外注明的文字答案较多（如：阿维菌素、土霉素、青霉素、磺胺二甲、泻立停、双黄连、中草药、抗病毒药、各种保健药、不用有害药、无、少量等等），这与调研方式有关。尽管调研方式有所不同，但两省数据反映出的兽药使用总体情况却类似（表 2－3）。无论养猪还是养鸡户，平时使用抗生素均较为普遍。安定、苯甲酸雌二醇等限用兽药平时也被使用到，但使用户数明显少于抗生素使用户数。平时不怎么使用兽药的养殖户比重较低，在 5% 左右。

表 2－3　养殖户平时使用的兽药（可多选）　　　　单位:%

使用兽药	山东养猪户（52）	辽宁养猪户（77）	山东养鸡户（45）	辽宁养鸡户（29）
抗生素	73.08	84.42	62.22	96.55
安定（地西泮）	26.92	44.16	13.33	3.45
苯甲酸雌二醇	11.54	5.19	6.67	3.45
其他兽药	15.38	1.30	15.56	3.45
无	5.77	2.60	8.89	3.45

（4）养殖档案

调查发现，养殖户建立养殖档案的情况并不乐观，即使建立也很少详细记录畜禽用药情况。由表2-4可以看出：养鸡户建立养殖档案的比率高于养猪户。这可能和"公司＋农户"养鸡模式较普及有关。其次，山东养殖户建立养殖档案的比率高于辽宁，这可能与样本中山东养殖户平均文化程度显著高于辽宁有正相关性。除此之外，山东农牧企业相对较多也是一个影响因素。当然，也不排除数据受山东"嗑药速生鸡"事件影响，造成山东养鸡户建档率虚高。

表2-4 养殖户建立养殖档案的情况

	山东养猪户（52）	辽宁养猪户（77）	山东养鸡户（45）	辽宁养鸡户（29）	总样本（203）
户数（户）	10	9	17	4	40
百分比（％）	19.23	11.69	37.78	13.79	19.70

五、计量分析

1. 模型选择

本文计量部分主要运用 Logistic 模型分析使用限用兽药养殖户的内外部特征（或称影响养殖户违规用药行为的内外部控制因素）。Logistic 模型是将逻辑分布作为随机误差项概率分布的一种二元离散选择模型，适用于对按照效用最大化原则进行的选择行为的分析。Logistic 模型的基本形式如下：

$$p = F（Y）= \frac{1}{1 + e^Y} \qquad (1)$$

式（1）中，Y 是变量 x_1，x_2，…，x_n 的线性组合，即：

$$Y = b_0 + b_1 x_1 + \cdots + b_n x_n \qquad (2)$$

对式（1）和式（2）进行变换，得到以发生比（odds）表示的 Logistic 模型形式：

$$Ln\left(\frac{p}{1-p}\right) = b_0 + b_1 x_1 + \cdots, \ b_n x_n + e \qquad (3)$$

（2）式中，p 为养殖户使用限用兽药行为发生的概率；x_i（i = 1，2，…，n）为解释变量，即内外部特征；b_0 为常数项，b_i 为第 i 个特征的回归系数；e 为随机误差。b_0 和 b_i 的值可用极大似然估计法来估计。

2. 模型变量选取及说明

根据上文理论分析，养殖户违规用药行为受养殖户文化、认知、价值取向、风险偏好等自身内部因素影响，还受兽医、兽药销售渠道、同行用药行为等外部环境因素影响。因此，在模型变量的选择上，本研究采取先从内外部因素这两方面尽可能多的选择解释变量，以避免遗漏重要解释变量，然后通过预回归、多重共线性检验、因子分析等方法筛选，最终得到 15 个有代表性且符合模型使用规范的解释变量（表 2 - 5）。

（1）有序分类变量

为使变量更加符合 Logistic 模型的适用范围要求，采取了尽量减少有序分类变量的技术措施。如被访者文化程度若使用 1 ~ 5 分别代表小学、初中、高中、中专、大专，则为有序分类变量，直接纳入即默认了各类别间等距，等距可能不符合实际，故以被访者受教育年限（x_4）替代。技术冒险（x_{10}），问卷设计中采取打分的方式，分值可认为是连续变量。因为本研究更关注畜禽饲养中限用兽药的整体情况，为统一畜禽单位，养殖规模采用有序分类。实际上将样本数据分为生猪、鸡只单独模型回归，用养殖数量表示养殖规模会更符合实际，但养鸡户样本量偏少，结果未通过卡方检验，不具有统计学意义。

（2）被筛除的变量

样本中女性 9%，畜牧兽医专业 5%，比例较低，不符合模型使用规范，故不被纳入。经预回归，养殖场地所在位置对兽药使用影响不显著，且经因子分析，养殖场所在位置与产地检疫为一类因子，故将其筛除。关于兽药残留、休药期的认知，问卷设计中先让被访者选择"了解、了解一点或不了解"，再设置一定相关问题验证，发现前一种询问方式结果符合较符合正态分布，而后一种询问方式结果是绝大部分养殖户都不了解兽药残留、休药期等，只是能理解字面上的概念。经因子分析兽药残留认知、休药期认知与用药意识（x_9）是一类因子，故只保留用药意识。多次使用多重共线性检验，但结果均为各方差膨胀因子（VIF）值皆小于2，表明变量之间不存在多重共线性，所以未筛除到变量。

（3）内外部因素划分

表中 $x_3 \sim x_{10}$ 等8个变量被认为是内部因素，x_1、x_2、$x_{11} \sim x_{15}$ 等7个变量被认为是外部因素。不过，这种划分只是大致划分，因为 x_8、$x_{11} \sim x_{14}$ 既受到养殖户自身因素影响，也受到外部环境条件影响（表2-5）。

表2-5 模型变量说明

变量名称	变量定义及赋值	平均值	标准差
兽药使用（Y）	平时是否使用过限用兽药：是=1，否=0	0.33	0.470
所在地区（x_1）	山东=0，辽宁=1	0.52	0.501
养殖品种（x_2）	鸡只=0，生猪=1	0.64	0.482
年龄大小（x_3）	被访者年龄，连续变量	45.67	8.437
教育年限（x_4）	被访者受教育年限，连续变量	9.25	1.735
从业年数（x_5）	养殖户从事养殖的年数，连续变量	7.33	5.084
从业人数（x_6）	养殖户从事养殖的人数，连续变量	2.38	0.990
养殖规模（x_7）	散户=1，小规模=2，中规模=3，大规模=4，分类标准见表1	2.72	0.760
养殖档案（x_8）	是否建有养殖档案，是=1，否=0	0.20	0.399
用药意识（x_9）	不用有害药对人健康，很重要=4，较重要=3，一般=2，不太重要=1	3.46	0.733
技术冒险（x_{10}）	是否敢于冒风险第一个在村里尝试适合当地的新技术或新品种，（程度打分）1到5，1代表完全不敢，5代表完全敢，有序变量	3.08	1.224
培训与否（x_{11}）	年内是否参加过养殖培训，是=1，否=0	0.48	0.501
协会与否（x_{12}）	是否参加了养殖协会或养殖合作社，是=1，否=0	0.14	0.346
陌生机会（x_{13}）	日常交往中与陌生人或不熟悉的人打交道的机会，极少=1，较少=2，一般=3，较多=4，很多=5	2.85	1.011

（续表）

变量名称	变量定义及赋值	平均值	标准差
购药渠道（x_{14}）	个体经销商处购买＝0，从畜牧兽医站、龙头企业或养殖协会购买＝1	0.49	0.501
产地检疫（x_{15}）	畜禽销售前是否严格检疫检查，将年内销售畜禽中80%及以上是经过认真检疫后发证的划分为严格检疫检查，是＝1，否＝0	0.26	0.438

3. 模型估计结果与分析

在 SPSS20.0 中选择向后步进（似然比）法进行 Logistic 回归，一共得到 11 个计量模型估计结果。各估计结果通过显著性检验的变量几乎完全相同。这里只列出所有解释变量均被引入回归方程的模型估计及检验结果（表2－6）。

表2－6　养殖户限用兽药使用行为的模型估计结果

解释变量	全样本（203）				养猪户（129）	养鸡户（74）
	系数（B）	标准误（S. E.）	系数显著为零的概率（Sig.）	发生比率（Exp（B））	系数（B）	系数（B）
所在地区（x_1）	0.548	0.442	0.216	1.729	1.119 **	0.169
养殖品种（x_2）	1.652 ***	0.519	0.001	5.218	—	—
年龄大小（x_3）	0.033	0.022	0.137	1.034	0.044 *	-0.072
教育年限（x_4）	-0.320 **	0.125	0.011	0.726	-0.222	-0.345
从业年数（x_5）	0.032	0.037	0.390	1.033	-0.016	0.194 *
从业人数（x_6）	0.341 *	0.206	0.099	1.406	0.298	0.744
养殖规模（x_7）	0.460	0.321	0.152	1.583	0.002	0.000
养殖档案（x_8）	-0.134	0.508	0.792	0.875	0.049	-1.107
用药意识（x_9）	0.479 *	0.282	0.089	1.615	0.405	0.476
技术冒险（x_{10}）	-0.212	0.161	0.188	0.809	-0.239	-0.185
培训与否（x_{11}）	-0.164	0.404	0.685	0.849	-0.315	0.206
协会与否（x_{12}）	0.673	0.591	0.255	1.960	0.660	1.663
陌生机会（x_{13}）	0.353 *	0.196	0.072	1.423	0.561	-0.410
购药渠道（x_{14}）	0.118	0.382	0.758	1.125	0.012 **	0.414

（续表）

解释变量	全样本（203）				养猪户（129）	养鸡户（74）
	系数（B）	标准误（S. E.）	系数显著为零的概率（Sig.）	发生比率（Exp（B））	系数（B）	系数（B）
产地检疫（x_{15}）	-1. 540 ***	0. 480	0. 001	0. 214	-1. 366 **	-1. 586
常数项	-4. 848 **	2. 260	0. 032	0. 008	-3. 807	1. 512
卡方检验值	53. 752 （p = 0. 000）				32. 880（p = 0. 003）	20. 160（p = 0. 125）
对数似然值	202. 300				142. 518	45. 329
Nagelkerke R^2	0. 325				0. 303	0. 406
预测准确率	75. 9%				72. 1%	90. 5%

注：*、**、*** 表示估计的系数不等于零的显著性水平分别为10%、5%和1%。Exp（B）为发生比率（odds ratio），表示解释变量每变化一个单位，使用限用兽药的概率与不使用的概率的比值是变化前相应比值的几倍。

全样本模型卡方检验，差异显著性水平为0.000，小于0.05，表明模型中至少有一个变量的估计系数不等于零，具有统计学意义。模型的伪 R^2 值0.325，预测准确率75.6%，表明模型的拟合效果较为理想。由系数显著为零的概率结果可知，养殖品种（x_2）、教育年限（x_4）、从业人数（x_6）、用药意识（x_9）、陌生机会（x_{13}）和产地检疫（x_{15}）6个因素对养殖户是否使用限用兽药的影响具有统计显著性。具体分析如下：

（1）限用兽药的使用因养殖品种不同而差异显著

由计量结果可见，x_2 系数较大，在1%的水平上显著，x_2 由0变到1，使用限用兽药的概率与不使用的概率的比值是变化前相应比值的5.218倍，表明养猪户使用限用兽药的概率约为养鸡户使用限用兽药的概率的5倍。这受限用兽药的选取品种有限制约，结合表3数据，可说明限用兽药安定在养猪中使用的概率显著高于在养鸡中使用的概率。

（2）文化程度高的养殖户使用限用兽药的概率小

由计量结果可见，x_4 在5%的水平上显著，且系数为负，表明限用兽药的使用与养殖户文化程度成负相关，即养殖户文化程度越高，越倾向于不使用限用兽药。

（3）从业人数多的养殖户使用限用兽药的概率大

由计量结果可见，x_6 系数为正，在 10% 的水平上显著，发生比率为 1.406，表明其他条件不变时，从业人数每增加 1 人，养殖户使用限用兽药的概率与不使用的概率的比值提高 0.406 倍。其原因可能在于养殖户从业人数越多，参与的决策人数越多，总的利益需求越强，不法利益增加。

（4）越是使用过限用兽药越会表示不用有害药对人体健康很重要

由计量结果可见，x_9 系数为正，在 10% 的水平上显著，发生比率为 1.615，表明其他条件不变时，对不用有害药对人体健康很重要的认同度，每增加 1 个等级单位，养殖户使用限用兽药的概率与不使用的概率的比值提高 0.615 倍。这可能是日常生活中"阳奉阴违""做贼心虚"的表现，是一个较有意思又很符合现实的结果。

（5）社交面广的养殖户使用限用兽药的概率大

由计量结果可见，x_{13} 在 10% 的水平上显著，且系数为正，表明限用兽药的使用与养殖户社交面成正相关，即养殖户日常交往中与陌生人或不熟悉的人打交道的机会越多，越会变成平时使用过限用兽药的养殖户。这一因素与养殖户行为受同行用药行为影响如出一辙，都加速了畜禽生产中"劣币驱逐良币"。

（6）产地检疫严格对违规用药有较大规制作用

由计量结果可见，x_{15} 系数为负，且在 1% 的水平上显著，发生比率为 0.214，即 x_{15} 由 0 变到 1，使用限用兽药的概率与不使用的概率的比值是变化前相应比值的 0.214 倍，即产地检疫严格的养殖户使用限用兽药行为的发生比仅为产地检疫不严格的养殖户使用限用兽药行为的发生比的五分之一，说明产地检疫严格对违规用药有较大规制作用。原因可能在于，严格的产地检疫会入户检查畜禽健康状况。虽然采集血样、尿样进行兽药残留检测的概率较小，但由于信息不对称，只要是入户检查，有严格检疫的迹象，就会对养殖户违规用药造成较强的心理压力，迫使其放弃违规用药。

此外，年龄大小（x_3）、养殖规模（x_7）和技术冒险（x_{10}）3 个因素对养殖户是否使用限用兽药的影响接近显著。其中，x_{10} 系数为负，说明敢于冒风险第一个在村里尝试适合当地的新技术或新品种的被访者在养殖中往往不会使用限用兽药，原因可能在于此类人有更强的开拓创新意识，不惧怕放弃旧技术、旧品种（违禁兽药往往是不安全但成本低的旧兽药品种）带来的利益损失。

六、结论及政策启示

限用兽药是违禁兽药里的一部分。通过对山东、辽宁两省 203 户畜禽养殖户限用兽药使用行为的实证分析，发现平时违规使用兽药的养殖户具有文化程度低、从业人数多、日常交往中与陌生人或不熟悉的人打交道的机会多、官方兽医对其产地检疫不严格等特征。平时违规使用兽药的养殖户，特征与之相反。养殖户使用违禁兽药的意识较高，但对禁用兽药品种、兽药残留、休药期等知识普遍缺乏了解。除此之外，养殖利润低、畜禽生长环境差是造成养殖户使用违禁兽药的重要因素。

在本项研究的基础上，笔者提出以下政策建议。

（1）推行规模化标准化生产

相对规模化养殖场，散养农户规模小、分布广、难监管，违规使用兽药的成本也较低。通过推行规模化养殖，有利于监管和提供社会化服务。实行标准化生产，能减少疫病发生几率，减少药物的使用。

（2）发挥龙头企业作用

强化龙头企业的信息化建设，通过龙头企业带动标准化，通过信息化建设提升标准化。同时建立健全龙头企业与农户之间的良性利益联结机制，保证养殖户的合理养殖效益，引导养殖户规范使用兽药。

（3）做好养殖户技术培训

加强对养殖户特备时小规模和散养农户的技术培训，提升他们的专业知识和养殖技术水平，倡导健康养殖理念和健康价值取向，使其规范、合理使用兽药，推广生态环保的养殖模式，有效减少生产环节中兽药的使用。

（4）强化标准体系建设和监管

当前有些养殖标准还不够完善，有些标准已不能适应养殖生产的需要，需要进一步制定、完善，并加快标准的实施。进一步强化兽药生产环节、使用环节、检疫环节等的全过程监管，奖罚并重，促进从业者自律。

参考文献

［1］董义春.中美两国兽药管理比较研究.华中农业大学博士学位论文，2008.

［2］王铁良.国内外动物源食品中兽药残留风险分析研究.华中农业大学硕士学位论文，2010.

［3］B. Petersen, S. Knura-Deszczka, E. Pönsgen-Schmidt, S. Gymnich: Computerised food safety monitoring in animal production, Livestock Production Science, 76（3）: 207~213, 2002.

［4］J. P. T. M. Noordhuizena, J. H. M. Metz: Quality control on dairy farms with emphasis on public health, food safety, animal health and welfare, Livestock Production Science, 94（2）: 51~59, 2005.

［5］Terence J. Centner: Regulating concentrated animal feeding operations to enhance the environment, Environmental Science & Policy, 6（5）: 433~440, 2003.

［6］David L. Ortega, H. Holly Wang, Laping Wu, Nicole J. Olynk: Modeling heterogeneity in consumer preferences for select food safetyattributes in China, Food Policy, 36（2）: 318~324, 2011.

［7］Seda Erdem, Dan Rigby, Ada Wossink: Using best－worst scaling to explore perceptions of relativeresponsibility for ensuring food safety, Food Policy, 37（6）: 661~670, 2012.

［8］ Linnea I. Laestadius，Lisa P. Lagasse，Katherine Clegg Smith，Roni A. Neff：Print news coverage of the 2010 Iowa egg recall：Addressing bad eggs and poor oversight，Food Policy，37（6）：751 ~ 759，2012.

［9］ Alexandra Zingg，Michael Siegrist：People's willingness to eat meat from animals vaccinated against epidemics，Food Policy，37（3）：226 ~ 231，2012.

［10］刘万利，齐永家，吴秀敏. 养猪农户采用安全兽药行为的意愿分析. 农业技术经济，2007（1）：80 ~ 87.

［11］朱启荣. 养鸡专业户使用兽药行为影响因素研究. 中国家禽，2008（21）：20 ~ 23.

［12］周玉玺. 当前养殖户选择绿色养殖模式的影响因素实证分析——以山东省养鸡业为例. 农业经济，2010（4）：22 ~ 27.

［13］彭玉珊，孙世民，陈会英. 养猪场（户）健康养殖实施意愿的影响因素分析——基于山东省等 9 省（区、市）的调查. 中国农村观察，2011（2）：16 ~ 25.

［14］孙世民，张媛媛，张健如. 基于 Logit-ISM 模型的养猪场（户）良好质量安全行为实施意愿影响因素的实证分析. 中国农村经济，2012（10）：24 ~ 36.

［15］钟杨，孟元亨，薛建宏. 生猪散养户采用绿色饲料添加剂的影响因素分析——以四川省苍溪县为例. 农村经济，2013（3）：36 ~ 40.

［16］商爱国，李秉龙. 基于质量安全的生猪生产者认知与生产行为分析——以山东省某市的调查为例. 调研世界，2008（9）：30 ~ 32.

［17］胡浩，张晖，黄士新. 规模养殖户健康养殖行为研究——以上海市为例. 农业经济问题，2009（8）：25 ~ 31.

［18］王瑜. 养猪户的药物添加剂使用行为及其影响因素分析——基于江苏省 542 户农户的调查数据. 农业技术经济，2009（5）：46 ~ 55.

［19］王太祥.蛋鸡养殖户饲料使用行为研究——以江苏省东台市为例.科技管理研究，2011（9）：133～136.

［20］陈雨生，房瑞景.海水养殖户渔药施用行为影响因素的实证分析.中国农村经济，2011（8）：72～80.

［21］林毅夫.小农与经济理性.农村经济与社会，1988（3）：31～33.

［22］Clevo Wilson，Clem Tisdell.Why farmers continue to use pesticides despite environmental，health and sustainability costs，Ecological Economics，39（3）：449～462，2001.

第三篇　禽流感防控经济学研究综述

摘　要：本文对国内禽流感防控的经济学研究进行了综述研究，研究表明，目前国内对于禽流感防控经济影响分析方面的文献居多，但对家禽生产模式影响的文献偏少，加之中国动物卫生风险评估刚起步，经济学评估尚不系统，亟待参考国外研究，对禽流感防控政策措施优化等进行研究，以促进中国家禽产业的健康发展。

关键词：禽流感防控；经济学研究；综述

一、引言

高致病性禽流感（以下简称禽流感）是一种由 A 型流感病毒引起的禽类（包括家禽和野禽）烈性传染病，被世界动物卫生组织（OIE）和中国规定为 A 类动物疫病。其在家禽中传播快、死亡率高，大规模流行会严重影响受感染国家的生计、公共卫生、经济和国际贸易。中国已成为禽流感疫情多发的国家之一。自 2004 年起，禽流感开始在中国不断暴发和蔓延，上报并公布的家禽疫情累计达 106 起，范围波及大陆地区除黑龙江、山东、海南、重庆 4 省（市）外的所有省（区、市）。随着中国对禽流感防控力度的加大，疫情总体呈现出逐年减少的趋势，但 2012 年有所回升（表）。

表　2004—2012 年中国禽流感疫情概况

年度	分布省份	家禽疫情	发病数（羽）	死亡数（羽）	扑杀数（羽）	候鸟疫情
2004	16	50	144 900	129 100	9 045 000	0
2005	13	31	158 200	151 200	22 226 000	1
2006	7	10	92 800	52 700	2 951 000	2

（续表）

年度	分布省份	家禽疫情	发病数 （羽）	死亡数 （羽）	扑杀数 （羽）	候鸟疫情
2007	4	4	27 800	26 500	242 000	0
2008	3	6	9 428	9 380	580 000	0
2009	3	1	1 500	1 500	1 679	2
2010	0	0	0	0	0	0
2011	1	1	290	290	1 575	0
2012	4	4	44 100	17 000	1 555 000	0

数据来源：农业部《兽医公报》。2012 年数据截至 2012 年 10 月

二、禽流感疫情的研究回顾

2004 年中国内地暴发高致病性禽流感疫情，关于禽流感疫情的研究逐渐兴起并受到重视。从研究的主要内容上看，大致可以分为三类，一是研究禽流感疫情给社会经济带来的影响，二是对禽流感发生的风险因素、风险环节、风险大小等作评估，三是探讨如何改进或进一步完善禽流感疫情防控的政策措施。

1. 禽流感疫情给社会经济带来的影响

（1）对农户收入的影响

黄德林等以 2002 年为基期，通过建立农户畜产品生产收入模型，估算了禽流感对农户收入的影响，得出 2004 年农民肉禽业人均收入比 2003 年负增长 70.69%，农民蛋禽业人均收入负增长 14.35%。于乐荣等则实证分析了 2005 年和 2006 两年禽流感发生对农户的"净"经济影响，得出在控制其他变量的条件下，一次禽流感发生会造成家禽养殖农户的人均家禽养殖收入降低 65%，并且禽流感的暴发对散养户的收入影响不大，主要损失的是规模养殖户。

（2）对国家总体经济的影响

朱敏依据禽产品在中国出口额中比例较低，认为只要疫情防控得当，对中国 GDP 的影响不超过 0.1%。浦华用翔实的数据全面分析了

禽流感对中国社会经济的影响，运用社会总福利理论对禽流感的经济学损失进行了测算，得出疫情给中国的社会总福利带来了 120.90 亿元的损失。

（3）对地方经济的影响

李宏丽根据北京市统计局相关监测资料，预测受禽流感影响，2004 年北京市家禽供应量减少 3 775 万只，鸡肉销售量下降 90%，鸡肉价格最高下降 30%，专业养殖人均收入下降 7 000 元。陈建贤等指出媒体宣传加剧了禽流感对禽产品价格的影响，使得广东大、中城市居民消费家禽减少 60% 以上，但是小城市居民和农民消费有所增加。雷娜入户问卷调查百余养殖户，分析了外地禽流感发生对河北省的影响，以及养殖户的禽流感认知程度、防疫情况、政府预防工作的成绩和不足。

（4）对饲料市场的影响

曹智在对 2004 年与 2005 年疫情暴发时间、地区、疫点养殖类型比较的基础上，分析认为禽流感疫情对饲料原料市场的影响呈阶段性连带影响。在假设禽流感疫情的集中暴发期为 3 个月的基础上计算得，豆粕需求下降 72.6 万吨，玉米需求下降 290 万吨，并提及 2006 年可能将传播至南方，农村成为疫情防治的薄弱环节。

（5）对生产模式的影响

戴有理等根据农业部调查组对 2005 年禽流感影响的专题调研，分析到中国家禽业"公司 + 农户"模式中的农户，许多处于中国农村欠发达地区，一方面他们从事家禽生产的基础设施均十分简陋；另一方面，由于未受到专业化技术培训，对家禽生产的正常规程与安全卫生要求意识淡薄，家禽产业低端生产方式的粗放和由此带来的公共疫病，"公司 + 农户"模式的非完全市场化运行，国外禽产品冲击，中国大部分家禽产业化龙头企业已处在体制、机制、资金瓶颈必须逾越的十字路口。

有关社会经济影响的研究，在分析方法上，普遍采用案例分析、简单计算，具有重要参考价值的分析方法有：黄德林的生产收入模型，于乐荣的面板数据实证，浦华的社会福利测算。数据材料来源上，新闻报道占了较大比重，其次是依靠部门调研数据，最后才是学者依托学术项目进行农户调研获得的数据。具体内容上，普遍较为综合，力图把禽流感带来的影响尽可能全面的展现，非常好地起到了经济预测效果，但结论往往具有短时性，使得在其基础上进一步研究的可能性降低。

2. 禽流感发生的风险分析

禽流感发生风险是指区域内禽流感发生或传播的可能性及其对农牧渔业生产、人类健康和生态环境造成的损失与危害。李静等建立了高致病性禽流感发生风险评估框架，并利用该框架对内地禽流感风险进行了定量评估，并利用疫情数据对评估结果进行了验证。蓝泳铄等在李静等人的研究基础上，考虑到层次分析法具有判断矩阵构造主观性强和一致性不易检验等缺点，进而在层次分析法中引入非结构性决策模型，改进、建立并对照检验了高致病性禽流感发生的风险评估模型。李鹏对鄱阳湖区禽流感风险研究，初步认为鄱阳湖区属于高风险区。李亮论述了国外动物卫生风险分析经济评估的主要经验以及中国动物卫生风险分析与经济评估的现状。

动物卫生风险经济评估属于交叉学科，需要兽医学、经济学和信息学等多学科的协作，而目前从事风险分析的学者多来自兽医学科领域（如上述前 2 篇文献作者），从事经济研究的学者又大都不具备兽医理论知识（如上述后 2 篇文献作者）。再者中国动物卫生数据资料积累相对不足且不易获取，所以国内学者多采用专家调查和估算法，缺乏有力的定量研究支持，一定程度上限制了经济学研究在禽流感风险评估上的进展。

3. 防控禽流感疫情的政策措施

2004 年禽流感暴发后，中央政府有关部门制定了《全国高致病性禽流感应急预案》《重大动物疫情应急条例》和《高致病性禽流感防治经费管理暂行办法》，同时，坚持组织各地兽医部门开展禽流感免疫和疫情监测工作，但 2005 年部分省份再次发生的高致病性禽流感疫情。有学者认为是由于政策宣传工作不到位，家禽散养户对中国的防疫政策缺乏了解，对防疫工作产生抵触，从而导致防控政策目标难以实现。也有学者认为中国动物疫病防控政策低效的根本原因，是中国动物防疫体制落后，动物防疫体系薄弱。

而更多的学者是把问题的焦点集中到了扑杀补偿政策，对补偿政策的有效性和合理性展开了探讨。张莉琴等对2004年的两个疫点区的扑杀补偿情况给予描述，通过比较直接损失和后续损失，得出种禽场损失最大，商品禽场次之，散养户最小，建议根据养殖户的损失程度差异给予不同的补贴，并提到从长效机制看应引入农业保险。孙德武认为，禽流感暴发，人们出于自己利益的考虑必会隐瞒不报，所以应该建立"扑杀补偿基金"，鼓励报告制度。刘恩勇等认为，扑杀补偿标准不能过高，但也不宜过低，过高或过低都会产生负面效应。而且补偿标准不应一成不变，应充分考虑当时当地的禽类市场价格。梅付春提出了现行的禽流感扑杀补偿目标不明确、补偿标准过低、补偿金额计算不科学、监督机制不完善等问题，在此基础上提出市价补偿的建议，其论述了市价补偿的必要性和可行性。翁崇鹏、毛娅卿根据国外经验以及中国防治禽流感损失补偿的实践，分析中国建立重大动物疫病损失补偿制度的必要性和可行性，提出了三种方案，认为从长期来看，中国未来畜牧业发展要逐步走重大动物疫病基金加政策性畜禽保险风险保障之路。在防控策略的选择层面，梁瑞华构建了禽流感疫病控制的博弈模型，经过模型求证得出了禽流感防控的最佳政策为"扑杀免疫相结合"的策略，最佳补偿政策是"中央政府＋个人不同比例补偿"的政策；浦华运用决策树法评估后成本效果分析"扑杀免疫相结合"策略的经济学优化，得出禽流感暴发后，在饲养密度较大、模化饲养比例较高、免疫较为规范的地区实施强制免疫较不经济。

学者们的研究方法和数据材料有差别，但梳理研究结果并结合实际变化可以看到：经过学者反思，建言献策，政府强化疫苗管理、积极推进兽医体制改革，使得疫情大幅减少。但政府补偿政策至今未改动。补偿政策一方面起到弥补养殖者损失（国内物价已上涨）稳定收入及生产的作用，另一方面起到鼓励疫情上报防止病禽私卖的作用，因此学者们对补偿政策的改进给予高度重视，呼吁政府加大投入力度，建立长效补偿制度。值得一提的是，已有部分省份开展家禽禽流感保险试点工作。另外，中国基于国情选择了"扑杀免疫相结合"的防控策略，策略选择上不存在争议。

三、对后续研究的建议

1. 利用面板数据，研究对生产模式的影响

目前，关于禽流感防控的经济学研究主要集中于2004—2006年国内禽流感疫情高发的时期，刘景霞较早地分析到疫情对经济的影响有：政府工作和财力投入加大、科研力量和技术投入加大、影响行业经济和地域经济的增长、影响农业生产结构、根源问题影响到生产模式。之后现实证明疫情的确影响到上述5方面，特别是政府财政资金投入的加大，不过对农业生产结构和生产模式的影响相对缓慢。就长期影响来说，Dr. Paul. Aho认为禽流感将促进亚洲养鸡业的巩固与整合，亚洲养鸡业的结构会发生较快的变化，否则将会发生新的情况。然而国内结合生产结构、生产模式对禽流感问题进行研究的文献较少，可能是因为生产结构、生产模式的变化并非一时而成，研究起来至少需要两期面板数据，而结合生产模式研究还需要对养殖生产实践特别是养殖者行为有比较透彻的了解，这对研究者深入农村提出了较高要求。但无论如何，加强这方面的研究，对正确引导中国养鸡业转型有重要意义。

2. 创新研究方法，推进风险评估

动物卫生风险经济学评估在欧美等畜牧业发达国家被广泛应用。通过经济学评估，使这些国家的兽医服务机构和动物卫生管理更加制度化、规范化、合理化，动物卫生管理水平进一步提高，同时政府实施疫病防控计划和畜禽饲养者获取有偿兽医服务等决策也获得了经济

学理论支持，资金的使用效率进一步提升。正是由于经济学评估的重要作用，全国动物卫生风险评估专家委员会不仅汇集了兽医学、毒理学、流行病学、微生物学等学科领域的专家，还有经济学领域的专家。虽然目前中国动物卫生风险经济学评估研究面临种种现实困难，尤其是数据积累上，但有国家的重视，倘若继续学习和跟踪国外的动物卫生经济研究新方法，如设法引入实验经济学等，避开宏观数据积累不足的局限，创新研究方法，不乏为推进中国动物卫生风险经济学评估的路径之一。

3. 探讨事后补偿的同时，应多关注事前"防疫"

在 2004—2006 年疫情高发年度，研究者和其他民众一样，尤为关注禽流感"扑疫"，关注政府的扑杀补偿，对生产中禽流感"防疫"关注显得不足。而在发达国家，由于其补偿制度较完善，国外学者进行了不少禽流感"防疫"研究，如 Beach 等把流行病学和农户模型结合起来，从理论上分析了农户行为对疫病传播的影响；D. M. Fleming 等通过研究 40 年的监控资料后认为，虽然禽流感疫苗的研究已经取得了长足的进步，但禽流感疫情并没得到遏制，所以有效的防控措施在于加强对禽流感的监控，及时发现，及时处理。所以，在补偿政策未变动的非疫情高发年度，一方面我们对补偿政策仍需深入研究，另一方面，以前较少关注的"防疫"可多纳入研究。

参考文献

[1] 黄德林，董　蕾，王济民. 禽流感对养禽业和农民收入的影响 [J]. 农业经济问题. 2004，（06）：22～26.

[2] 于乐荣，李小云，汪力斌，等. 禽流感发生对家禽养殖农户的经济影响评估——基于两期面板数据的分析 [J]. 中国农村经济. 2009，（07）：14～21.

[3] 朱　敏. 禽流感对中国经济影响分析 [J]. 中国财政. 2004，（04）：52～53.

［4］浦　华.动物疫病防控的经济学分析［D］.北京；中国农业科学院，2007：31～33.

［5］李宏丽.禽流感对北京影响有多大［J］.北京统计.2004（03）：24～25.

［6］陈建贤，李幼芳.禽流感对广东家禽业的影响［J］.现代乡镇.2006（02）：32～35.

［7］雷　娜.禽流感对河北省家禽养殖业发展的影响与思考［J］.中国家禽.2007（04）：26～29.

［8］曹　智.禽流感疫情对饲料原料市场影响分析［J］.农业展望.2006（01）：31～33.

［9］戴有理，王　健，程军波.在禽流感面前"公司＋农户"遭遇挑战［J］.中国禽业导刊.2006（08）：5～10.

［10］王靖飞，李　静，吴春艳，等.中国大陆高致病性禽流感发生风险定量评估［J］.中国预防兽医学报.2009（02）：15～19.

［11］蓝泳铄，宋世斌.高致病性禽流感发生风险评估模型的建立［J］.中山大学学报：医学科学版.2008（05）：119～123.

［12］李　鹏.鄱阳湖区禽流感发生风险研究［D］.江西：江西师范大学，2009：40.

［13］李　亮，浦　华.经济评估在动物卫生风险分析的应用与启示［J］.世界农业.2011（03）：19～22.

［14］张莉琴，康小玮，林万龙.高致病性禽流感疫情防治措施造成的养殖户损失及政府补偿分析［J］.农业经济问题.2009（12）：28～33.

［15］孙德武.对染疫畜禽扑杀损失补偿问题的建议［J］.中国牧业通讯.2004（17）：81.

［16］刘恩勇，胡腊英，詹广慧，等.高致病性禽流感防控工作中的问题与建议［J］.湖北畜牧兽医.2006（09）：10～11.

［17］梅付春.政府应对禽流感突发事件的扑杀补偿政策研究［D］.北京；中国农业科学院，2009：40～48.

［18］翁崇鹏，毛娅卿.浅谈重大动物疫病损失补偿制度［J］.中国

动物检疫.2011（06）：7~11.

[19] 梁瑞华.禽流感疫病控制博弈模型与中央政府宏观模式选择 [J].南都学坛.2007（03）：104~109.

[20] 浦　华，王济民，等.动物疫病防控应急措施的经济学优化——基于禽流感防控中实施强制免疫的实证分析 [J].农业经济问题.2008（11）：26~31.

[21] 刘景霞.禽流感疫情对未来经济的影响 [J].中国检验检疫.2004（04）：33.

[22] Dr. Paul. Aho. 郭云雷 译.禽流感的影响——世界养禽业的未来 [J].中国禽业导刊.2004（15）：19~20.

[23] Beach R H, Poulos C, Pattanayak S K. Agricultural Household Response to Avian Influenza Prevention and Control Policies [J]. Journal of Agricultural and Applied Economics. 2007 （2）：301~311.

[24] D M Fleming. Lessons from 40 years' surveillance of influenza in England and Wales [J] Epidemiol Infect. 2008 （7）：866~875.

第四篇　养殖户的合作防疫

　　动物疫病防治工作关系到国家食物安全、公共卫生安全和农民收入，关系到社会和谐稳定，具有公共产品的性质，因此，动物疫病防治应该是一种公共服务。近年来，随着城乡居民收入的不断提高，中国对优质、安全畜产品的需求大幅提高，国家对畜牧业的支持力度也不断增强，各地的畜牧业发展迅速，动物疫病防治也日益成为人们关注的热点之一。

一、中国现有动物疫病防治特点

1. 基层动物疫病防控体系逐步健全，防控形势依然严峻

　　在计划经济年代，国家对农村畜禽防疫实行"国家出药、社队出工"。全国大部分地区在 20 世纪 60 年代初期成立了公社兽医站，选择热爱防疫工作的青年，经培训后担任不脱产的大队防疫员，报酬由社队通过"评工计分"的方式解决，在 20 世纪六七十年代的动物疫病防治工作中发挥了重要的作用，为中国畜牧业发展做出了重大贡献。20 世纪 80 年代中期，公社改为乡、大队改为村以后，大队防疫员改为村防疫员，报酬仍是村集体解决。这段时间也是中国农村承包责任制实行之初，旧的畜禽合作防疫制度被冲破、新的体制没形成，使畜禽疫病流行，严重挫伤了农民发展畜牧业的积极性。

　　20 世纪 90 年度中期以后，随着《中华人民共和国动物防疫法》的发布，全国各地都切实加强动物防疫体系的建设，从上到下建立健全了防疫灭病的县（区）、乡（镇）、村动物防疫体系，一直持续至今。尤其是近年来，随着政府对动物疫病防治工作的重视，加大了对农村基层防疫体系的建设，基本有效地控制了全国各地动物疫情大规

模集中暴发的态势，保证了畜牧业的顺利发展。但与此同时，基层兽医管理机制急需完善，队伍素质有待提高，畜医工作与投入长效机制有待健全，在小规模畜禽养殖占比高，动物和动物产品大流通格局的根本改变的形势下，中国动物疫情防控形势依然复杂严峻。

2. 畜牧业发展迅速，畜产品需求持续增长

改革开放以来，随着中国人民生活水平的提高，对肉类和其他动物制品的需要越来越多（图1，分别显示了中国1990—2011年城镇和农村居民的肉禽蛋及制品人均消费量的变化趋势），中国城镇居民和农村居民的肉禽蛋及制品人均消费量从1990年的人均32公斤和15公斤，分别增长为2011年的人均45公斤和29公斤，增幅都接近人均15公斤。

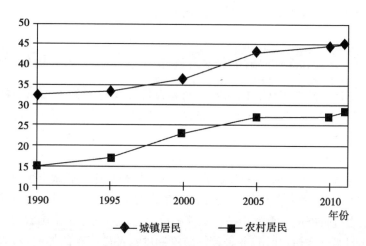

图1　1990—2011年中国城镇和农村居民肉禽蛋
及制品的年人均消费量（公斤）
数据来源：《中国统计年鉴2012》数据进行整理

虽然在1990—2011年，随着生活水平的提高，中国城镇和农村居民的肉禽蛋及制品人均消费量增长迅速，但农村居民与城镇居民的差距一直保持在16公斤左右。目前中国居民有近50%生活在农村地

区。因此，随着城镇化进程的加剧和中国农村居民生活水平的持续提高，中国对肉禽蛋类和其他动物制品的总需求仍会保持长期的快速增长，这也将促进中国的畜牧业进一步发展壮大，同时，随着畜牧业的快速发展和人民对食品安全要求的提高，中国的动物防疫也越来越获得社会各界的广泛关注。

3. 中小型养殖农户为主，动物疫病防治难度大

近年来，随着需求的大幅提高，国家对畜牧业的支持力度也不断增强，全国各地的畜牧业都发展迅速。从 20 世纪 90 年代开始，随着农村劳动力大量转移到城市，中国的养殖模式也逐渐由传统的家庭散养向中小规模家庭养殖场方向发展。随着农村集体经济组织、农民和畜牧业合作组织的建立，规模化、标准化的饲养场也发展迅速，同时，一些地区的养殖小区也在蓬勃发展[1]。

目前，中小规模家庭养殖场已逐渐成为中国畜牧业的主要经营形式，并出现了专业化趋势：养殖场的规模比原来的散养大得多，而且也出现了许多以养殖业为主的村庄。这些以养殖业为主的村庄或者修建了养殖小区，或者是各家农户在自己院子里进行养殖。由于中国东、中部地区普遍人口密度高，通常在一个很小的区域里，聚集了大量的养殖户。

总的来说，就是这种专业化趋势有许多优势，农户的专业化养殖扩大了规模、降低了养殖成本、提高了养殖水平，并且能更好地与市场对接，扩大了抵抗市场风险的能力。但是，这种高度聚集的养殖方式着人畜居住不分、畜禽混养，存在着很大的风险。除了产生大量动物粪便给环境带来很大压力的同时，随着养殖规模的快速发展，动物疫病的防控形势也日趋严重，防控难度越来越大，规模化养殖风险增加，给重大疫病防治和畜产品质量安全带来了巨大的隐患。

---

〔1〕 2003 年，全国新建各类畜牧生产小区达 2 万多个，2004 年，全国已有养殖小区 4 万多个，2005 年 5 万多个，2006 年接近 7 万个，2008 年突破 8 万个（全国 64 万个行政村，2009 年畜牧养殖专业合作社超过 6 万个）。（数据来源《中国畜牧业年鉴》）

由于集中养殖，动物疫病的发生会快速传播，村里的养殖户都会很快波及。由于大家的饲养规模比较大，一旦疫病暴发，轻则生产力水平下降，农户的利润减少，重则全群死亡，养殖场倒闭，养殖户遭受巨大的经济损失。养殖农户的养殖习惯和行为对动物疫病的防治有很大的影响。所以，对于聚集在一起的养殖户来说，动物疫病的防治是一个公共产品，对大家都有利，需要大家采取合作的方式进行动物疫病的防疫。因此，做好家庭养殖集中的村庄（或养殖小区）的动物疫病防控是保障畜牧业健康发展的当务之急。

4. 养殖小区的防疫瓶颈

（1）水平低，畜禽疫病防控知识缺乏

养殖户投资入行时，往往只看到了养殖业经济回报周期短、回报率较高的优势，对生产管理特别是疫病防制的难度预计不够，加之对畜牧兽医科技学习热情不足，生产经营水平低。在畜禽未发病时不严格执行免疫程序，管理松懈，一旦发起病来不知所措，甚至病急乱投医，听任江湖游医和兽药推销员将其畜禽作为试验品。

（2）乱引种，防疫控疫措施不到位

目前的养殖小区经营者多从事管理相对容易的商品代畜禽的生产，从外地调入幼（仔）畜进行生产时缺乏技术支撑，不经过检疫审批，难免调入处于疫病潜伏期等带毒排毒畜禽，调入后又缺乏隔离饲养意识和条件，直接混群而导致全群发生疫情。场内缺乏统一的免疫程序，抵制一些"不会死多少畜禽"的强制免疫病种的免疫工作。没有科学系统的消毒制度，消毒剂品种单一，各种运载工具长驱直入。发生疫情后既不向动物防疫监督机构报告疫情，也不敢请乡镇畜牧兽医站的工作人员就诊，延误治疗时机。

（3）缺监管，防疫基础设施落后

前些年畜禽养殖小区多建成地方政府的形象工程，动物防疫工作并未纳入地方政府的议事日程。防疫责任制未建立或不明了，基本没有公共防疫设施，加上小区内养殖户各自为政，缺乏大家公认的负责人员和管理机构，养殖小区的"统一防疫"几乎成为一句空话，加之地方动物防疫监督和管理工作薄弱，缺乏对养殖小区的有效监管，一旦发生疫病，难以采取隔离、封存等措施进行有效控制，就会导致疫病迅速蔓延，损失惨重。

二、合作防疫的重要性和可能性

调查是 2013 年 2 ~ 4 月在辽宁和山东两个省进行的，共调查养殖农户或养殖场 210 家，其中辽宁 110 家，山东 100 家。调查集中在养猪和肉鸡上，除了一户猪鸡兼养之外，养猪和养鸡的分别占 62% 和 38%。

1. 有暴发重大动物疫病的可能

（1）养殖业以中小型养殖场为主，聚集在一起

在所有 210 家被调查的养殖户中，认为自己是普通农户、专业户和大型养殖厂的分布占 77.6%、18.6% 和 3.8%，整体样本以中小型养殖户为主：

养猪户 2012 年最小出栏数是 10 头，出栏 10 ~ 50 头的占 20.0%，50 ~ 100 头的占 36.8%，100 ~ 300 头的占 30.4%，300 ~ 1 000 头的占 11.2%，1 000 头以上的只有 1.6%；中位值是 88 头；

养鸡户 2012 年出栏数在 1 千羽及以下的占 11.0%，1 千 ~ 5 千羽的占 38.4%，5 千 ~ 2 万羽的占 20.5%，2 万 ~ 5 万羽的占 19.2%，5 万羽以上的占 11.0%；中位值是 5 100 羽。

调查样本显示：养殖户聚集在村里为主，在自家后院养殖的占 64.8%；自己的养殖场与邻近养殖场/户（养殖相同动物）的距离很近，其中：小于等于 100 米的为 13.0%，100 ~ 500 米的为 33.6%，500 ~ 1 000 米的为 29.8%，1 ~ 3 千米的为 15.9%，而大于 3 千米的只有 7.7%。

当然，如果土地资源富裕，各个养殖场都分散开来是有利于动物疫病防治的。但对于土地紧张的地区，养殖只能采取在自家后院养殖或集中在养殖小区这两种方式。表 4 - 1 的结果显示，70% 左右的养

殖户认为在自家后院养殖比集中在养殖小区更有利于动物疫病的防治。相对而言，养鸡农户对养殖小区的看法略微正面。

表4-1　能更好地防止动物疫病的饲养方式比例统计一览表

养殖方式	全部样本	省份		养殖动物品种	
		辽宁	山东	猪	鸡
各家在自家后院养殖	70.8%	73.4%	68.0%	78.3%	59.5%
大家集中在养殖小区进行养殖	29.2%	26.6%	32.0%	21.7%	40.5%

几年来，养殖小区在一些地区得到推广，但调研显示，相对于在自家后院养殖，大家集中在养殖小区进行养殖的方法不利于动物疫病的防治，养殖小区的发展需要花更大的力气去控制动物疫病。盲目地发展养殖小区可能不利于畜牧业的发展。

（2）自我判断的出现大型疫病的可能性不小

对于聚集在一起的养殖农户来说，自家养殖场出现重大动物疫病的可能性是存在的，表4-2是养殖户对自己养殖场出现大型动物疫病可能性的判断，可能性从小到大，用1~5来表示，其中：1认为完全不可能出现大型动物疫病的养殖户很少，只有4.8%，2认为可能性很小的为60%，1/3的人认为可能性一般（回答3），认为可能性较大和很大（回答4和5）的有2.4%。绝大部分的养殖户的回答是可能性很小或一般（93%左右），相对来说，养猪发生大型疫病的风险显著高于养鸡的农户（显著性水平为5%）。

表4-2　养殖户对自己的养殖场出现大型动物疫病可能性的判断

大型动物疫病可能性		全部样本	按省份来分		按养殖动物品种来分	
			辽宁	山东	猪	鸡
回答不同可能性的百分比（%）	1 完全不可能	4.8%	2.7%	7.0%	2.3%	7.7%
	2 可能性很小	60.0%	56.4%	64.0%	59.7%	60.3%
	3 一般	32.9%	38.2%	27.0%	34.9%	30.8%
	4 可能性较大	1.9%	1.8%	2.0%	2.3%	1.3%
	5 可能性很大	0.5%	0.9%	0.0%	0.8%	0.0%

（续表）

大型动物疫病可能性	全部样本	按省份来分		按养殖动物品种来分	
		辽宁	山东	猪	鸡
回答的均值	2.33	2.42	2.24	2.40	2.25
差异的显著性检验		**		**	
样本量	210	110	100	129	78

显著性水平：* 10%，** 5%，*** 1%（下同）。

（3）动物疫病的来源

表4－3 动物疫病的主要来源

动物疫病风险的主要来源	全部样本	按省份来分		按养殖动物品种来分	
		辽宁	山东	猪	鸡
1）外购种畜/禽	39.0%	46.4%	31.0%	40.0%	38.0%
2）外来收购小贩	28.1%	39.1%	16.0%	34.6%	17.7%
3）野生动物传播	20.5%	13.6%	28.0%	13.8%	30.4%
4）其他，包括临近养殖场、村庄的卫生条件等	13.8%	4.5%	24.0%	12.3%	16.5%

表4－3显示了动物疫病的主要来源。由上表可见，数据结果反映的动物疫病的风险由主到次主要来自：外购种畜/禽、外来收购小贩、野生动物传播、其他（包括临近养殖场、村庄的卫生条件等），相对养猪来说，养鸡的疫病风险更多地来自于野生动物传播（野生禽鸟）。在这几个因素中，除了野生动物传播之外，其他因素都能通过养殖户的合作防疫措施，如在村口或养殖小区外设立公共的消毒装置对小贩等车辆进出强制进行消毒，得到有效的控制。

2. 合作防疫的效果和可能性

由于大量农户在自家的院落进行养殖，一个村庄聚集着许多养殖户，如果大家不合作，就无法像大型养殖场那样对进出车辆、人员进行消毒控制。课题组通过问卷调查，对合作防疫可能的效果和可能性进行了分析。

（1）合作防疫的效果

表 4 - 4 的结果显示：2/3 的养殖户（场）认为，通过合作在村口或养殖小区外对小贩车辆进行强制消毒，这种方式对于减少动物疫病的风险，效果很好或较好。极个别养殖户（1.5%）认为这种方式效果较差。74.3% 的养鸡户认为这种方式效果很好或较好，这一比例显著高于养猪户的 61.5%，说明养鸡户对这种方式给予了更高认同。

表 4 - 4　合作设立公共的消毒装置对减少动物疫病的效果

效果		全部样本	按省份来分		按养殖动物品种来分	
			辽宁	山东	猪	鸡
回答不同效果的百分比（%）	1 很差	0.0%	0.0%	0.0%	0.0%	0.0%
	2 较差	1.5%	0.9%	2.1%	1.6%	1.3%
	3 一般	31.6%	39.1%	22.9%	37.0%	24.4%
	4 较好	30.6%	31.8%	29.2%	28.4%	33.3%
	5 很好	36.4%	28.2%	45.8%	33.1%	41.0%
回答的均值		4.02	3.87	4.19	3.93	4.14
差异的显著性检验			***		**	

（2）合作防疫的可能性

这种合作防疫对于养殖户（场）来说，是一种公共产品，除了政府补贴之外，要想让它能长期有效地运行下去，肯定需要养殖户（场）进行合作，支付少量费用或花费时间。根据合作行为的文献（Fischbacher et al.，2001），人们对于合作（为公共产品做贡献）的态度主要可以分为三类：一是搭便车者，即不合作者；二是条件合作者，即"他人合作我也合作，他人不合作我也不合作"，这是一种互惠的行为；第三类是无条件合作者，即"不管他人是非合作我都合作"，这是一种利他的行为，完全考虑公共利益。如果人群中搭便车者越少、无条件合作者越多，或者条件合作者越容易达成一致，就越容易形成稳定的合作。

通过实验，Fischbacher 等人（2001）发现，人群中有 30% 的人搭便车，50% 左右的是条件合作者，剩下的是无条件合作者或其他类型。其他许多研究也发现，大部分人都是条件合作者。但条件合作者达成一致的难度较大，这也是为什么在多次重复的公共产品实验中，观测到的合作强度会逐渐下降。

课题组对农户的合作意愿进行了调查，回答"1 不管别人是否愿意我都不愿意"的人是搭便车者，回答"2 如果大部分人愿意缴费我也愿意"的是有条件合作者，回答"3 不管别人是否愿意我都愿意"的是无条件合作者。表 4 - 5 的结果显示：在所有的养殖户中，搭便车者只有 6%，绝大部分（75%）是有条件合作者，无条件合作者为19%，而且养鸡户的合作意愿要显著高于养猪户。如果分别用 1、2、3 来给搭便车者、条件合作者、无条件合作者打分，全部样本的平均分为 2.1，略高于 2（条件合作者）（表 4 - 5）。

表 4 - 5　合作防疫的意愿

在什么情况下愿意按养殖规模缴纳少许费用（合作防疫）？		全部样本	按省份来分		按养殖动物品种分	
			辽宁	山东	猪	鸡
不同意愿的%	1 不管别人是否愿意我都不愿意	5.8%	6.4%	5.2%	8.7%	1.3%
	2 如果大部分人愿意缴费我也愿意	75.2%	80.9%	68.8%	74.8%	75.6%
	3 不管别人是否愿意我都愿意	18.9%	12.7%	26.0%	16.5%	23.1%
	回答的均值	2.13	2.06	2.21	2.08	2.22
差异的显著性检验			***		**	

合作是社会主流价值观提倡的行为，因此，养殖户在被调研时，可能夸大自己的合作意愿，使得自己的行为更符合主流价值，这也是为什么目前国际主流的经济学研究大量采用实验经济学的方法来测量合作意愿。为了控制这个影响，课题组还询问了被调研养殖户对村里

其他养殖户合作意愿的判断。

从表 4-6 的结果可见，大家总体的判断是：愿意合作防疫的养殖户（场）（回答 5 和 4）超过不愿意合作的（回答 1 和 2），平均值为 3.3，介于 3（一半左右）和 4（大部分愿意）之间。这个结果与表 4-5 的结果基本一致。

表 4-6　对村里养殖户（场）合作意愿的判断

您认为村里有多少养殖户 会愿意缴费、共同防疫?	全部 样本	按省份来分		按养殖动物品种来分	
		辽宁	山东	猪	鸡
1 几乎都不愿意	4.9%	2.8%	7.3%	6.3%	2.6%
2 少部分愿意	21.5%	18.4%	25.0%	22.8%	19.5%
3 一半左右	26.3%	33.0%	18.8%	23.6%	31.2%
4 大部分愿意	36.6%	40.4%	32.3%	36.2%	36.4%
5 几乎都愿意	10.7%	5.5%	16.7%	11.0%	10.4%
回答的均值	3.27	3.28	3.26	3.23	3.32

由此可以得出以下结论：绝大多数（近 80%）的养殖户（场）是条件合作者，大家预计可能有 60% 左右[1]的养殖户（场）会愿意参与合作防控。如果政府通过补贴进行引导，而且村里管理得当，是可以让养殖户（场）组织起来进行合作防疫的。

（3）合作社的作用

要组织养殖户（场）进行合作防疫，最可能是通过建立养殖协会（合作社）的方式。课题组对现有的养殖协会情况进行了调查，结果见表 4-7。中国的养殖协会（合作社）不是很普及，只有 22% 的养殖户（场）回答自己所在的村或乡镇有养殖协会，其中山东的比例（30%）要高于辽宁（15%）。如果所在村或乡镇有养殖协会，养殖户（场）参与的比例还是比较高的，接近 75%。

---

〔1〕　(36.6% + 10.7%) × 75.2% + 18.9%

表4-7 养殖协会的情况

村/乡里有养殖协会吗？		全部样本	按省份来分		按养殖动物品种来分	
			辽宁	山东	猪	鸡
回答的百分比（%）	1 村里有	10.1%	10.9%	9.3%	7.9%	15.2%
	2 村里没有乡/镇有	11.6%	3.6%	20.6%	9.5%	15.2%
	3 没有	78.3%	85.5%	70.1%	82.7%	69.6%
如果有协会，参加的比例（%）		73.2%	76.9%	71.4%	66.7%	80.0%

表4-8显示了养殖户（场）对养殖协会在防治动物疫病方面的效果评价，大部分（56%）认为养殖协会对于动物疫病防治的效果是较好或很好，只有不到8%的认为没什么或完全没效果，均值为3.6，在3（效果一般）和4（效果较好）之间。

表4-8 对养殖协会在防治动物疫病上效果的评价

效果评价	全部样本	按省份来分		按养殖动物品种来分	
		辽宁	山东	猪	鸡
1 完全没效果	2.3%	1.0%	3.8%	3.8%	0.0%
2 没什么效果	5.6%	4.1%	7.5%	6.6%	4.2%
3 一般	36.0%	37.8%	33.8%	34.0%	38.9%
4 效果较好	41.0%	48.0%	32.5%	42.5%	38.9%
5 效果很好	15.2%	9.2%	22.5%	13.2%	18.1%
平均值	3.61	3.60	3.63	3.55	3.71

三、结论

改革开放以后，随着生活水平的提高和城镇化的发展，中国城镇居民和农村居民对肉禽蛋及制品的需求快速增长，促使中国的畜牧业迅速发展。20世纪90年代中期以后，随着大量农村劳动力转移到城市，中国传统以散养为主的畜牧业逐步走向专业化：一是养殖规模扩大，以中小型养殖场为主；二是出现了大量的以养殖业为主的养殖专业村，农户以在自家后院养殖为主，在很小一个区域聚集了大量的养殖户。

中国这种以中小型养殖场聚集在一起的养殖业发展模式，在世界上也是独一无二的。这种独特的养殖模式给动物疫病防治带来了困难：聚集在村庄的中小型养殖场很容易互相传播疫病，使得发生大型疫病的可能性增大；大量中小型养殖户，防疫管理难度较大。

因此，要想有效地防止动物疫病，就需要养殖户们组织起来，实施合作防疫。这种合作可以在政府的资助下（包括技术和资金），采用养殖协会或合作社的模式，如为了控制动物疫病的发生，在村口或养殖小区外设立公共的消毒装置，小贩等车辆进出都要强制进行消毒，这样可以有效地减少动物疫病传播的风险。

参考文献

[1] Fischbacher, Urs, Simon Gächter, Ernst Fehr (2001). Are people conditionally cooperative? Evidence from a public goods experiment. Economics Letters, Vol. 71, No. 3, pp 397~404.

[2] 国务院办公厅（2012）：《国家中长期动物疫病防治规划（2012—2020 年)》，国办发〔2012〕31 号.

第五篇 农户对政府生猪疫病防控
工作的满意度研究

　　摘　要：猪蓝耳病、口蹄疫和流行性腹泻等生猪疫病的暴发，不仅会对生猪养殖户造成重大损失，还会引起生猪产量和生猪价格的剧烈波动，因此生猪疫病防控至关重要。本文以安徽省生猪规模养殖户调查数据为基础，借助 Probit 模型分析方法，实证分析生猪规模养殖户对疫病防控服务满意度及其影响因素。研究结果表明，畜牧部门的技术培训及消毒免疫是否及时等因素最为显著，边际效应最大；技术培训及消毒免疫是畜牧部门提高生猪规模养殖户对疫病防控服务满意度的重要工作，也是提高疫病防控效果的重要途径。最后，提出旨在提高生猪疫病防控水平和生猪规模养殖户对疫病防控服务满意度的相关政策建议。

　　关键词：规模养殖户；疫病防控服务；满意度；Probit 模型

一、引言

　　疫病防控对于中国畜牧业具有举足轻重的作用。特别是 2007 年以来，高致病性蓝耳病等重大动物疫病的暴发对中国生猪产业造成了严重的冲击，由此产生的生猪死亡率上升、出栏数量减少、猪肉供求关系失衡、猪价急剧上涨，从而带动 CPI 高企，对中国国民经济发展造成了严重的影响。为了促进生猪产业的健康发展，近年来中国加快基层兽医体系建设，加大财政资金支持力度，大力构建动物疫病防控体系，取得了较好的效果。

　　作为动物疫病防控重要环节的生猪养殖户，对中国现有的疫病防控公共服务是否满意，是否能够能让国家制订的疫病防控政策真正产生效果的关键。但是，政府面临的问题是，疫病防控政策的制订是一种自上而下的形式，不是养殖户自身诱导产生的疫病防控体系；此外，中国对于动物疫病防控措施研究起步较晚，多数借鉴国外经验。由此产生的问题，政府当下提供的疫病防控服务是否让养殖户满意？生猪的养殖规模化程度越来越高，生猪规模化比重超过60%，力争到2015年，全国畜禽规模养殖比重在现有基础上再提高10～15个百分点，其中标准化规模养殖比重占规模养殖场的50%[1]。未来生猪养殖将以规模化为主，因此本文从规模养殖户视角，分析影响对政府疫病公共服务满意度的因素，以期为政府制定和完善疫病防控政策提供决策参考。

二、文献回顾

国际上对动物疫病的防控政策主要是对暴发疫病地区的控制，控制方法主要有：对暴发疫病地区的畜禽全部扑杀，对暴发过疫病地区的活禽实施年度免疫或是环状免疫，限制暴发疫病地区的活禽交易等。Power 和 Harris（1973）通过比较了扑杀和免疫二种措施，认为在收益无法量化的情况下，更倾向于选择扑杀措施。扑杀成本要低于每年免疫成本13倍左右。比如，口蹄疫暴发时扑杀所有受威胁动物并控制畜群流动是最经济的策略。扑杀措施是无疫病国家和地区是最优的选择（Dufour&Moutou，1994；Mahul & Durand，2000；Suginra，2001）。但在一些不可实施的地区或是需要考虑受其他因素时，扑杀不一定是最经济、合适的选择。Berentsen 等（1990）认为在一些疫病暴发频率较高的地区，每年普通免疫要优于监管扑杀。Tomassen（2002）、lorenz（1988）也对上述的防控政策进行了实证研究。

中国动物疫病防控研究处于起步阶段，系统化、规范化的研究还很少。张莉琴（2009）对高致病性禽流感疫情防制措施造成的养殖

---

〔1〕 数据来源：农业部关于加快推进畜禽标准化规模养殖的意见。

户损失及政府补偿进行了分析，指出不同类型和规模的养殖户在疫情防制中遭受的损失程度存在较大的差异，建议政府的补偿标准和方式应根据不同类型养殖户进行调整，并引入农业保险来建立长效补偿机制。梅付春、张陆彪（2008）对散养户在既定的扑杀补偿政策下配合意愿程度的研究，但跳过农户对防控措施的自我判断，将农户作为被动的接受客体，没有考虑农户作为参与者的选择权利。由于疫病防控服务存在一定的外部性，一般都将其纳入公共产品的范畴（徐小青，2002），而政府部门无疑是这种公共服务的提供者。王小林、郭建军（2003）认为这种自上而下的公共服务供给忽略了养殖户自身的有效需求和行为，进而导致养殖户对既有的防控服务不满意。

现有的关于疫病防控政策的研究，不论是国内还是国外都集中在以成本收益为视角，基于风险评估的定量研究来分析各种防控措施的优劣。忽略了整个疫病防控行为中最重要的参与者——养殖户，忽略养殖户对防控措施的自我判断。在实际疫病防控服务中，养殖户防疫服务的认知、满意度以及采取的防疫行为对动物疫病防控政策与服务的效果有重要影响。国内已有的研究成果主要集中在如何完善防控服务（光有英，2007；李尚，2008），定性论述相关问题及对策建议，缺乏对养殖户个体行为的定量研究。贺文慧（2007）认为疫病防控公共服务获得的便利性直接影响养殖户防疫行为，吴秀敏（2006）在研究养殖户采用安全兽药行为时，认为采用安全兽药是养殖户对新技术的选择行为。从广义上说，养殖户采取的防疫行为也是一种对新防疫政策与服务的选择行为，这种选择行为更也是养殖户对疫病防控服务满意度的一种外在表现。张桂新等人（2013）采用无序多分类Logistic 模型养殖户平均已投入成本、预期风险、预期防疫效果、信息渠道、技术服务便利性以及养殖收入是否为主要收入来源等对养殖户在重大疫情风险下的防控行为决策产生显著影响。国外对新技术采用行为有一些系统研究，Feder 等（1985）、Ervin（1982）、Doss（2001）认为农户个体特征（文化水平、年龄、家庭人数、从事经验等）与采用新技术行为高度相关；Warner（1974）、Hoiberg 和 Hufman（1978）、Jamnick 和 Klindt（1985）、Wozniak and Gregory

(1987) 研究表明服务与技术的信息获取度、培训和技术推广服务、与基层推广机构联系密度等也对农户行为有重要影响。

目前，对养殖户防疫行为和满意度的研究较少，制定动物疫病防控方面政策忽略了养殖户防疫行为和满意度，导致投入不断增加，但效果不佳。本研究的目的就是试图从养殖户的视角来分析现有生猪疫病防控公共服务满意度，以及影响其满意度的因素。

三、数据来源与统计描述分析

1. 数据来源

安徽省是全国十大生猪养殖主产省，同时也是传统的生猪调出省，课题组对全国生猪优势区域肥东县、长丰县和霍邱县进行了入户调查。调查抽样采取随机抽样法，在每个县随机抽取 3 个镇，每个镇随机抽取 15 户养殖户，回收问卷 129 份，剔除关键数据缺失的问卷和无效问卷，有效问卷 113 份。

2. 样本特征的统计描述

本问卷主要基于农户视角来分析农户对现有动物疫病防控的满意度，76.1% 的养殖户对疫病防控的服务表示满意，23.9% 的养殖户不满意目前的疫病防控的服务。样本基本信息统计见表 5 – 1。

（1）养殖户个体特征

养殖户户主的年龄集中在 30～50 岁，占调查对象的 84%，总体文化水平也比一般农户要高，接受教育的年限也比一般农户长，初中以上的文化水平合计占 86.7%；家庭人数多集中在 4～6 人，养殖规模（以年出栏生猪头数为指标）主要分布在 200～500 头和 500 头以上，年出栏 200 头以上的养殖户合计约 73%，具有一定的代表性；养殖年数则主要集中在 10 年以内，具有 10 年以上的养殖经验的养殖户只占到 28% 左右。

（2）养殖户对疫病认知程度

81.4%的被调查养殖户认为免疫消毒对预防生猪疫病有用，但是进一步询问关于疫病的其他相关问题，只有20%左右的养殖户了解疫病的传播途径；44%左右的养殖户都是通过自学疫病防控相关知识信息，养殖户对于疫病深层次的认知程度整体较低。

（3）疫病防控的公共服务

90%左右的养殖户都接受过畜牧部门（相关部门）组织的培训。这里必须说明的是，在进一步的深入了解培训时，养殖户反映这种培训主要有以下一些问题：一是饲料或兽药公司在推销其产品时，附带做的一些技术培训；二是有些地方畜牧主管部门组织的培训过于形式，有时一年一次，有时几年一次，作用甚微。47.8%的养殖户表示在主管部门没有提供日常消毒免疫行为，还有31.0%的养殖户表示主管部门的免疫消毒不及时。

表5-1 样本特征统计描述

样本基本特征		分类情况	描述单位	所占比例
农户对疫病防控公共服务的满意度		不满意	27	23.9
		满意	86	76.1
个体及家庭特征	户主年龄	30岁以下	3	2.7
		30~40岁	25	22.1
		40~50岁	70	61.9
		50岁以上	15	13.3
	户主文化水平	小学及以下	15	13.3
		初中	65	57.5
		高中及以上	33	29.2
	家庭人数	3人及以下	38	33.6
		4~6人	69	61.1
		7人及以上	6	5.3
养殖经营特征	养殖规模(年出栏头数)	50~100头	18	15.9
		100~200头	11	9.8
		200~500头	44	38.9
		500头以上	40	35.4
	养殖年限	5年以下	41	36.3
		5~10年	40	35.4
		10~15年	14	12.4
		15年以上	18	15.9

（续表）

样本基本特征		分类情况	描述单位	所占比例
养殖户对动物疫病的认识水平	疫苗免疫预防是否有用	有用	92	81.4
		没用	21	18.6
	是否交接疫病传播途径	了解	23	20.4
		不了解	90	79.6
	获得疫病防控知识的渠道	乡村兽医	8	7.1
		其他养殖户	6	5.3
		当地畜牧兽医部门	49	43.4
		自学	50	44.2
疫病防控公共服务	畜牧部门是否组织培训	有组织	102	90.3
		没有组织	11	9.7
	畜牧部门日常是否有消毒行为	有	59	52.2
		没有	54	47.8
	畜牧部门的免疫工作是否及时	及时	78	69.0
		不及时	35	31.0

四、规模养殖户对疫病防控服务满意度的实证分析

1. 理论模型的构建

应用成本收益法，以养殖户的视角来构建对疫病防控服务满意度的评价表达式，在相关疫病防控服务下，养殖户的收益与其付出成本的差额大于现有收益时，养殖户会对疫病防控服务表示满意，反之，则不满意。由此，数学表达式如下：$S(Y) = p\{(E-C) > Y\}$。$S(Y)$为养殖户满意度函数，E为养殖户在防控服务下的收益，C养殖户为获得这种疫病防控服务所付出的成本，Y为没有疫病防控服务养殖户的收益。

根据前文的数据分析，规模养殖户对疫病防控政策满意度属于二分变量，主要受到以下四类因素影响，具体为：①个体特征变量：年

龄、文化水平、家庭人数；②养殖经营特征变量：养殖规模、养殖年限；③疫病认知变量：获得信息渠道、预防免疫有效性认知度、疫病传播途径认知度；④畜牧主管部门服务变量：培训服务、日常消毒服务、消毒免疫及时性。综上所述，构建如下模型：

$$YS = f\left(XB\right) + \varepsilon$$

YS 养殖户对疫病防控服务的满意度；X 向量代表个体特征、养殖经营、疫病认知、畜牧部门服务变量；B 代表变量的系数；ε 随机扰动项。

2. 计量模型的选择（Probit 模型）

本研究分析影响养殖户对疫病防控服务满意度的因素，例如养殖户对政府提供的疫病防控服务是否满意，因此本质上因变量为间断性选择。此类问题通常采用二元选择 Probit 和 Logit 模型居多，且在实物上，两者差异不大（格林，2007，P635）因此本研究以 Probit 模型来作为养殖户行为的实证模型。

Probit 模型可用潜回归的方式表示：$y^* = \beta \cdot x + \varepsilon$

其中 y^* 是潜在的依变数；β 为参数向量；为自变数矩阵。Probit 模型假设

y = 1 如果 $y^* > 0$

y = 0 如果 $y^* \leq 0$

以个别观察值来看，Probit 模型假设因变量的某一观察值 y^i 是一个虚拟因变量，当生猪养殖户对疫病防控服务满意时，其数值为 1，反之则为 0；假设疫病防控服务满意之概率服从标准正态分布的随机变数，则生猪养殖户对疫病防控服务满意之概率为：

$$prob\left(y_i = 1 \mid x^i\right) = \int_{-\infty}^{\beta'Z_i} \phi(t)\,dt = \Phi\left(\beta x^i\right)$$

式中：ϕ 表示标准正态分布的累计概率的密度函数；β 为参数向量；x^i 为自变数向量。

生猪养殖户对疫病防控服务不满意之概率为：

$$prob\left(y_i = 0 \mid x^i\right) = 1 - \int_{-}^{\beta'Z_i} \phi(t)\,dt = 1 - \Phi\left(\beta x^i\right)$$

因此对数概率函数为

$$\ln L = \sum_{i=1}^{n} \{ y_i \ln \Phi(\beta x^i) + (1 - y_i) \ln [1 - \Phi(\beta x^i)] \}$$

以上可用最大似然估计法估计。

而自变量变动对生猪养殖户对疫病防控服务满意之概率期望值的影响，即所谓边际效应，可根据偏微分求得：

$$\frac{\partial E(y \mid x)}{\partial x} = \phi(\beta \cdot x)\beta$$

3. 实证结果分析

模型结果显示：模型整体效果较好，模型的 LR 统计指标值为 52.6，并且伴随概率 P 小于 0.001，因此，拒绝回归系数均为 0 的假设。另外，模型的预测准确度为 86.78%，模型预测效果较好。各变量的回归系数、z 统计量和概率如表 5 - 2 所示。兽医部门免疫是否有用和兽医部门是否及时进行免疫 2 个因素对生猪养殖户对疫病防控服务满意的影响具有统计显著性。

表 5 - 2 养殖户疫病防控服务满意度影响因素的二元 Probit 模型估计结果

解释变量	回归系数	Z 统计量	边际值
常数项	- 1.046	- 0.682	
年龄	- 0.004	- 0.152	- 0.001
教育程度	- 0.045	- 0.670	- 0.008
家庭人数	0.005	0.047	0.001
养殖规模年出栏数	0.000	- 0.105	0.000
养猪年限	0.046	1.488	0.008
兽医部门免疫是否有用	0.983 ***	2.782	0.176
是否知道疫病传播途径	0.141	0.314	0.025
畜牧部门是否组织培训	0.611	1.251	0.109
畜牧部门是否进行日常消毒	0.261	0.625	0.047
兽医部门是否及时进行免疫	1.336 ***	3.082	0.239
McFadden R^2		0.40	
预测准确度%		86.78	
LR statistic		52.6 ***	

注：*、**、*** 表示估计的系数不等于零的显著性水平分别为 10%、5% 和 1%。

（1）个体特征对养殖户对疫病防控服务满意度的影响

养殖户户主年龄以及教育程度的系数符号为负，养殖户家庭人口系数为正。首先，养殖户的年龄越大对疫病防控服务的依赖度越高，产生不满意的可能性也越大；其次，教育程度越高，思维更活跃，对外部信息的获取度越高，认为政府应该承担疫病防控服务，导致期望越高，不满意度也越高；最后，家庭人数越多，对政府的疫病防控服务的依赖度降低，满意度相对越高。但是这三个个体特征变量未通过显著性检验，边际值也极小，从统计学角度看，仅就养殖户自身的个体特征对满意度没有显著影响，不是影响养殖户满意度的主要因素。

（2）养殖经营特征对养殖户疫病防控服务满意度的影响

本研究采用生猪出栏量代表养殖规模，其系数显著性低，边际效应也低，主要原因是中国的疫病防控服务并没有区分规模养殖场和散养户，因此养殖规模大小对疫病防控服务满意度的影响微乎其微。养殖年限系数较为显著，其边际正效应达到 0.008，主要是疫病防控服务需要一定的时间发挥作用，如养殖户掌握的养殖技术、疫病防控信息逐渐完善，产生的服务效果会随着养殖年限的上升稳步上升，从而会促进疫病防控服务满意度的提高。是否知道疫病传播途径系数不显著，但是边际效应较大，说明知道疫病传播途径能更好地配合政府疫病防控服务，对其满意度有较大的促进作用。

（3）畜牧部门的工作对养殖户的疫病防控服务满意度影响

畜牧部门消毒免疫是否及时和免疫的效果对满意度的影响十分显著，而且边际效应非常大分别达到 0.239 和 0.176，说明畜牧部门在免疫方面的工作效率对养殖户的疫病防控服务满意度具有很大的影响。另外，畜牧部门是否组织培训系数较为显著，边际效应仅次于畜牧部门消毒免疫是否及时和免疫的效果两个变量，表明畜牧部门组织培训对养殖户的满意度有积极影响。因此，畜牧主管部门在疫病防控服务上应该积极做好免疫和消毒，加大对养殖户的培训力度，这样才能提高养殖户对疫病防控整体服务的满意度，进而提高疫病防控的效果。

五、结论与政策建议

1. 结论

（1）本文通过安徽省生猪规模养殖户的调研数据，实证分析了规模养殖户对疫病防控服务满意度的影响因素

研究表明，规模养殖户的满意度主要受到疫病免疫是否及时、预防免疫效果、对养殖户的相关培训因素的高度影响。培训越规范、免疫消毒越及时和免疫效果越好，相应的养殖户的满意表现越高。个体特征（年龄、文化水平、家庭人数）统计上表现不显著，而且边际效应很低，说明个体特征不是影响养殖户的满意度的主要因素。

（2）养殖户对疫病防控服务的满意度受政府提供的疫病防控服务重要影响

政府在提供疫病防控服务时，多数是以安全性作为出发点，宏观上制定相关政策和防控服务，未考虑养殖户的利益和满意度；养殖户对疫病防控服务满意度不高势必会影响疫病防控服务的质量和水平，这种疫病防控政策与服务的目标与养殖户疫病防控服务满意度相隔离导致动物疫病防控中的"见力不见果"的现象。

2. 政策建议

规模养殖户是中国畜产品供给的主体，是保障畜产品的有效供给和畜产品质量安全的关键，健全基层兽医服务体系，建立规范培训机制，提高规模养殖户的防疫意识和能力，迫在眉睫。

（1）提高基层兽医的专业化水平

基层兽医的专业化水平较低，无法给规模养殖户提供完善的技术、信息等相关服务，严重影响养殖户对基层疫病防控服务的满意度。完善乡村良两级兽医体系的硬件设施，提高基层兽医的专业化水平，落实乡镇畜牧兽医站的日常运转经费和工作经费，改善基层兽医站人员工资待遇，必会提高基层兽医的疫病防控水平，也必将提高规

模养殖户的配合意愿，增强对政府服务的信心，这样才会使政府防控政策与服务的规模属性和效应得以体现。

（2）完善养殖户专业技能培训体系

当前畜牧养殖培训不规范、不系统，规模化养殖得不到强有力的技术支持，影响养殖户对疫病防控体系与服务的满意度，弱化自身养殖防疫行为积极性。因此，畜牧推广部门要密切关注规模生猪养殖户的疫病防控技术需求，有的放矢，组织针对性的技术培训，不断提高养殖户对疫病的认知程度和防控能力，从而提高养殖户的满意度和防疫积极性。

（3）逐步降低动物疫病防控服务成本

养殖户多数为当地农民，评价满意与否的标准就是成本收益。在相关疫病防控服务下，养殖户的收益与其付出成本的差额大于现有收益时，养殖户会对疫病防控服务表示满意，反之，则不满意。因此，降低养殖户的成本支出也是提高满意度、引导养殖户主动防疫行为的重要途径。在提高基层兽医的工资待遇，国家要进一步加大投入，扩大免费动物疫病防控服务的范围，提高基层兽医承担的实施强制免疫等工作的劳务补助标准，强化强制免疫用疫苗的开发，提高国产招标强制免疫疫苗的使用率。

参考文献

［1］ Tomassen F. H. M. , de Koeijer A. , Mourits M. C. M. , Dekker A. , Bouma A. , Huirne R. B. M. , A decision-tree to optimize control measures during the early stage of a foot-and-mouth disease epidemic ［J］. Preventive Veterinary Medicine, 2002, 54: 301~324.

［2］ Power A. P. , Harris S. A. , A cost-benefit analysis of alternative control policies for foot-and-mouth disease in Great Britain, ［J］. Agric. Econ. , 1973, 24: 573~600.

［3］ Dufour B. Moutou F. Étude économique de la modification de la lutte contre la fièvre aphteuse en France. (In French: Economic analysis of the modification of the French system of foot and mouth disease control.), [J] Ann. Med. vet. , 1994. 138 (2): 97~105.

[4] Sugiura K. Ogura H. etc Eradication of foot and mouth disease in Japan, [J]. Rev. sci. tech. Off. int. Epiz. , 2001, 20 (3): 701~713.

[5] Mahul K. , Durand B. , Simulated economic consequences of foot-and-mouth disease epidemics and their public control in France, [J]. Preventive Veterinary Medicine, 2000, 47 (1/2): 23~38.

[6] Berentsen P. B. M. , Dijkhuizen A. A. , Oskam A. J. , Foot-and-mouth disease and export, an economic evaluation of preventive and control strategies for The Netherlands, [J] Wageningse Econom Studies, 1990, 20: 89.

[7] Lorenz R. J. , A cost effectiveness study on the vaccination against foot-and-mouth disease (FMD) in the Federal Republic of Germany, [J]. Acta vet. scand. , Suppl. , 1988, 84: 427~429.

[8] Doss, R. C. , Designing Agricultural Technology for African Women Farmers: Lessons from 25 Years of Experience, [J] World Development, 2001, 29 (12): 2075~2092.

[9] Ervin, C. A. , Factors Affecting the Use of Soil Conservation, Practices, [J]. Land Economic, 1982, 58: 79~90.

[10] Feder, G. , Just, R. E. , Adoption of Agricultural Innovations in Developing Countries: A Survey, [J]. Economic Development and Cultural Change, 1985, 33: 255~297.

[11] Hoiberg E. , Hufman W. E. , Profile of Iowa Farm and Farm Families: 1978, Iowa Agricultural and Home Economics Experiment Station and Cooperative Extension Service Bulletin, 1978.

[12] Jamnick, S. F. and Klindt, T. H. , An Analysis of "No-tillage" Practice Decisions, Department of Agricultural Economics and Rural Sociology, University of Tennessee, USA, 1986.

［13］ Wozniak, Gregory D., Human Capital, Information and the Early Adoption of New Technology, ［J］. Journal of Human Resources 1987, 22: 101～112.

［14］ 梅付春, 张陆彪. 禽流感疫区散养户对扑杀补偿政策配合意愿的实证分析［J］. 农业经济问题, 2008 增刊: 173～177.

［15］ 张莉琴, 康小玮, 林万龙. 高致病性禽流感疫情防制措施造成的养殖户损失及政府补偿分析［J］. 农业经济问题, 2009 (12): 28～33.

［16］ 徐小青. 农村公共服务［M］. 北京: 中国发展出版社, 2002.

［17］ 王小林, 郭小军. 必须大力拓展农村公共服务的供给渠道［J］. 调研世界, 2003 (3): 28～31.

［18］ 李　尚. 浅谈中国地方动物检疫工作中存在的问题及对策［J］. 山东畜牧兽医, 2008 (2): 27～28.

［19］ 光有英. 当前农村动物防疫中存在的问题及对策［J］. 中国动物检疫, 2007 (8): 12.

［20］ 贺文慧, 高　山, 马四海. 农户畜禽防疫服务支付意愿及其影响因素分析［J］. 技术经济, 2007 (4): 94～97.

［21］ 刘万利, 齐永家, 吴秀敏. 养猪农户采用安全兽药行为的意愿分析——以四川为例［J］. 农业技术经济, 2007 (1): 80～87.

［22］ 张桂新, 张淑霞. 动物疫情风险下养殖户防控行为影响因素分析［J］. 农村经济, 2013 (2): 105～108.

第六篇　中国病死动物无害化处理现状与发展对策

摘　要：病死动物无害化处理是建设"美丽中国"的重要内容。本文在总结国内病死动物处理主要办法和存在的主要问题，分析国外畜牧发达国家先进经验的基础上，提出健全财政支持政策体系、加强生物发酵等资源化利用相关技术研发示范等政策建议。

关键词：动物尸体；无害化处理；资源化利用

改革开放 30 多年来，中国畜牧业持续稳步增长，取得了举世瞩目的成就，2012 年，中国畜牧业产值约占农业总产值的 1/3，肉类和禽蛋产量位居世界第一，奶的产量位居世界第三，肉类的消费达到了中等发达国家的水平，人均奶类的占有量现在是占世界平均水平的 1/4，畜牧业已成为中国农业的重要支柱产业和农民收入的主要来源之一。

随着畜牧业生产方式的不断转变和国家对动物疫病防控投入的不断增加，中国动物卫生及其产品的安全水平不断提高，但由于畜禽饲养数量快速增加，饲养管理水平参差不齐，动物疫病依然频繁发生，与发达国家相比，中国畜禽死亡率依然居高不下，据专家估计，中国每年因各类疾病引起猪的死亡率为 8% ~ 12%，家禽的死亡率 12% ~ 20%，牛的死亡率 2% ~ 5%，羊的死亡率 7% ~ 9%，其他家畜的死亡率在 2% 以上，中国每年因动物发病死亡造成的直接损失超过 400 亿元，相当于畜牧业总产值增量的六成左右。

每年中国病死的动物数以亿计，动物尸体处理一直未得到根本解决。病死畜禽肉流入加工环节被人们食用的现象在有的地区依然猖獗，不仅严重危害了人类健康，而且可能助推人畜共患病的传播；病死动物尸体乱投乱弃，既会污染环境，也会危害周边动物及人类安全。病死动物处理已超出了传统意义上行业经济范畴，病死动物无害化处理是否到位，不仅事关畜产品质量安全和公共卫生安全，而且事关"生态文明建设"和事关"建设美丽中国"目标的实现，亟待引起政府、养殖户（场）等多方的高度关注。

一、中国病死动物主要处理方式及利弊分析

中国对病死动物的无害化处理有着明确的要求和严格的规定，按照《病死及死因不明动物处置办法》、《病害动物和病害动物产品生物安全处理规程》（GB 16548—2006）进行操作处理，主要处理方式有焚烧等四种，但四种方式各有利弊。

1. 焚毁

通过氧化燃烧，将病死动物尸体及其产品投入焚化炉（焚烧窑/坑）或柴堆火化等方式烧毁碳化，彻底杀灭病原微生物。

焚毁的优点是动物的骨灰无害，但是焚烧过程容易造成空气污染，而且需消耗大量能源，价格昂贵，处理200公斤的病死动物，至少需要燃烧8L的柴油，同时焚烧还会产生大气污染，需要进行二次处理，增加处理成本。一些屠宰企业和畜牧兽医管理部门由于无法找到合适的土地进行病死畜禽深埋处理，会采购中小型高温焚烧炉对病死畜禽进行焚烧处理。

2. 掩埋

将病死畜禽埋于挖好的坑内，利用土壤微生物将尸体腐化、降解。掩埋前应对需掩埋的病死动物尸体进行处理，掩埋后的地表环境应使用有效消毒。

消毒后深埋的成本投入少，仅需人工或租用挖掘机，但其不是最安全的办法，地点应远离居民区、建筑物等，选址受局限，处理程序较繁杂，使用漂白粉、生石灰等灭菌效果不理想，存在安全风险，如

果填埋不当，容易造成水源和土地污染。散养农户大多采用掩埋的方式处理动物尸体，但根据在江苏省如东县的调研，养殖户虽然对动物尸体都进行了掩埋，但绝大多数离水塘或河流仅只有几米，掩埋深度大多数仅有 0.4 米左右，甚至有的只是覆盖一层薄薄的土，存在极大的安全隐患。

3. 发酵

将病死畜禽尸体及其产品投入加有消毒剂的无害化池中，促进自然发酵、分解，以消灭传染源、切断传播途径，阻止病原扩散。实施生物发酵，相对经济，又为资源化利用提供了原料，由于造价不高、处理方法简单、处理量较大，被大多数规模化养殖场所采用，但由于对重大动物疫病和嗜热病毒或微生物的处理尚有难度，且占用场地较大，动物尸体的运输也存在一定困难。

2010 年，针对国内畜牧场动物尸体等废弃物处理存在的问题，福建某公司与中国台湾农畜发展基金会合作研发出了畜禽养殖场有机废弃物处理机，可以自动将畜禽尸体分切、绞碎、发酵、杀菌、干燥，与生物酵素、木屑或麸皮等混合发酵，生产有机肥，福建省已有不少养殖场和乡镇畜禽尸体公共处理中心购买使用。

山东某公司也开发出了一套生物发酵无害化处理病死猪技术，在其下属 16 家大型生猪养殖场推广应用。其与福建该公司相似，即利用一定比例的稻壳等农作物秸秆、锯末、微生物菌种拌匀作发酵料，病死动物掩埋在发酵料里一般经过 2～3 周的时间会被自然降解，变成腐殖质，用作生产有机肥。

4. 化制

病死畜禽经过高温高压灭菌处理，实现油水分离，化制后可用于制作肥料、工业用油等，实现资源化利用，高温高压又可使油脂溶化和蛋白质凝固，杀灭病原体，但设备投资成本相对较高，需单独设立车间或建场，化制产生的废液污水也需进行二次处理。

江苏省东海县等地建立了"化制厂"来处理病死动物。一般情况下，养殖场将病死动物交由签约的化制厂处理，化制厂会把动物死体透过物理化处理，进行油粉分离，产生油脂作为化工、工业用油，之后再利用高温灭菌、高温蒸煮等技术加工成"肉骨粉"，制作成有机肥料或饲料。浙江某公司通过集成高温高压、厌氧发酵、沼气发电、油脂利用等技术，开发的无害化高速处理机可将 100 公斤的病死猪，化制得到 16 公斤工业用油、200 度电和 1 公斤黑炭。

由于运营成本较高，"化制厂"的规模一般较小，沛县日处理能力病死猪牛 50 余头，主要生产符合狐貉食用标准的饲料，睢宁县的"化制厂"日处理能力病死猪牛可达 200 多头，主要提取工业用油出售给该县钢材加工企业。

二、畜牧业发达国家的成功经验

在欧美等畜牧业发达国家，由于标准化、规模化进程远领先于中国，同时长期推行严格的死亡动物无害化处理政策，积极推行资源化利用，实现了疫病防控、资源利用和环境保护的良性循环。

1. 严格的法律约束

在畜牧业发达国家，对于死亡动物的处理有着详尽的法律规定，并严格执行，其所有的处理方式都以保护环境和防止疫病传播扩散为前提。美国法律规定，农场主有责任在动物死亡 24 小时内处理动物尸体，违法者可被处以罚款和刑事监禁；在日本，当发生疫情时，死亡或扑杀的动物尸体必须要根据家畜保健卫生所的家畜防疫员基于农林水产省标准做出的指示，迅速焚烧尸体或者深埋，《墓地埋葬法》规定，对于动物尸体的处理有着严格规定，因恶作剧而遗弃动物遗体，属于刑法上的"威力妨碍业务罪"和"伤害罪"。

2. 完善的补偿机制

为了减少动物死亡对畜牧业和养殖户的冲击，畜牧业发达国家大多建立了死亡动物补偿机制。大多数欧盟国家死亡或扑杀的动物损失由国家按市价进行赔偿，补偿资金主要包括两部分：一是政府财政，另一部分是由养殖户所交纳的动物疫病基金。两部分的补偿比例在不同国家有所不同，在德国，财政资金占50%，动物疫病基金占50%。而在丹麦则是政府负担80%，应急基金负担20%。对于无害化处理费用的承担，德国的各州略有差异，下萨克森州的养殖户仅需承担动物尸体处理费用的25%，剩下75%由政府承担，而在勃兰登堡州，养殖户、行政区（县）政府和州政府则各承担相关处理费用的1/3。

3. 适合的处理措施

各国对病死动物的处理方式各异，但均结合本国实际，有效地防止动物疫情的扩散。加拿大等国未对其进行资源化利用。近年来，加拿大是各种动物疫病经常侵袭的重灾区，先后暴发疯牛病、禽流感等疫情，导致大量动物死亡，疫情被发现后，该国还对大量疫区易感动物进行扑杀，对于不同动物尸体，实施不同的处理办法，对于牛等大牲畜尸体，直接被焚烧销毁，不得以任何形式再加工利用；而对于家禽，则在扑杀后先消毒、后深埋。而在欧盟和美国，化制和生物发酵等病死动物的资源化利用被广泛推广。

4. 资源化利用成为发展趋势

德国所有的动物尸体均需在专门的处理机构进行处理，被切分成小块后予以高温消毒，最终通过干燥、加水、加压等方法，生产出动物粉末和动物油脂，动物粉末可作为燃料燃烧，动物油脂则可用于生产生物柴油。动物粉末可被用作动物饲料，但自疯牛病暴发后，该做法已被禁止。越来越多的美国养殖场（户）选择生物发酵来处理动物尸体，这种方式不仅廉价，而且简单易行。动物尸体高温发酵之后能够消灭各种病毒，一个科学的堆肥系统不仅能够有效地保护环境，而且是非常好的农家肥，几乎所有的农场都可以自己完成。

三、中国病死动物处理不规范的主要原因分析

与畜牧发达国家相比，中国养殖户类型千差万别，规模大小不一，虽然法律规范有要求，兽医部门有监督，但仍出现很多不按照规范进行病死动物无害化处理的现象，究其原因主要包括以下几方面的原因：

1. 法律意识淡薄

养殖农户特别是散养农户无害化处置病死动物的法律意识淡薄，一部分养殖户在动物病死后不按规定向当地动物卫生监督机构报告，不按规定程序对病死动物进行无害化处理，一般就自行采取就近掩埋、丢弃，据张雪梅等的调研，中小规模养殖户把90%的病禽尸体扔到粪堆、垃圾堆、路旁等，不掩埋，不处理，10%掩埋到果园、树下。村级防疫员和乡镇兽医由于无法准确了解散养农户病死动物情况，也无法对其进行有效监督。

2. 补偿标准偏低

中国仅对口蹄疫、高致病性禽流感等重大动物疫病进行补偿，但与市价相比标准较低，同时养殖环节仅对年出栏50头以上生猪规模养殖场（养殖小区）给予无害化处理补助经费，标准仅为每头病死猪80元，50头以下的生猪养殖户被排除在外，不享受补贴，而据中国畜牧业协会的统计，全国50头以下的散养农户的生猪出栏量占总数1/3。每头80元的病死猪处置费用，被养殖户质疑"过低"。

3. 处理成本偏高

由于现行主要的病死动物作无害化处理方式成本较高，采用掩埋处理，每头病死猪的无害化处理成本超过80元，如果采用焚烧，成本可能更高，由此导致养殖户在动物病死后不愿意向动物卫生监督机构报告和主动作无害化处理，甚至逃避动物卫生监督机构的监管，同

时，基层动物卫生监督机构苦于无工作经费支撑，病死动物无害化处理工作也无法长期有效开展。

4. 技术缺乏支撑

美国畜牧专家罗泽博姆认为，运用生物发酵技术处理动物尸体后生产有机肥，被证明可以有效消灭病毒、保护环境，又实现了资源化利用，值得在广泛推广，国内专家也认为是最适宜中国发展的资源化利用措施。但中国目前生物发酵微生物研究、生物发酵处理装备技术集成和研发等方面尚处于艰难的起步阶段，难以支撑动物尸体资源化利用的技术需求。

四、中国病死动物无害化处理的发展对策

随着"黄浦江死猪漂浮"事件的持续发酵，国家加强了病死动物无害化处理监管工作，出台了一系列措施，取得了良好的成效，但由于养殖场（户）的无害化意识淡薄和缺乏有效监督等原因，规范中国病死动物的无害化处理可谓任重而道远。

未来一段时期，中国病死动物无害化处理应以服务于建设资源节约型和环境友好型社会为目标，借鉴畜牧发达国家的先进经验，探索建立服务现代畜牧业发展和公共卫生安全的政策体系，要疏堵结合，以疏为主，通过提高补偿标准，增强养殖户实施病死动物无害化处理的积极性，以堵为辅，通过加强监管和处罚，减少养殖户违规抛弃病死动物行为的违规成本；要加快技术进步，努力突破制约生物发酵处理病死动物等资源化利用方式的科技瓶颈，大力探索适应不同养殖方式的无害化处理模式并加以推广应用；要强化政企互动，政府要继续加大三农资金投入，引导养殖场（户）加强病死动物无害化处理设施建设和企业从事病死动物生物发酵有机肥生产，企业要强化管理，努力提高市场开拓能力，构建与养殖场（户）良好的利益联结机制。

1. 构建齐抓共管工作格局

农业、商务和质量监督等部门应按照统筹兼顾的原则，各司其职、互相协作、紧密配合，努力形成齐抓共管的工作格局；切实加强养殖户《动物防疫法》《病死及死因不明动物处置办法》等法律法规和政策的宣传，提高他们的法制意识，自觉实施病死动物无害化处理；加大监督执法力度，充分发挥村级防疫员的作用，健全病死畜禽溯源机制和责任追究机制，建立病死动物无害化处理举报制度，公布举报电话，鼓励广大群众积极参与对病死动物无害化处理的监督。

2. 健全财政支持政策体系

为保障病死动物无害化处理工作顺利开展，建议提高养殖环节的病死动物无害化处理补偿标准，从目前的 80 元/头提高到 200 元/头，对于利用病死动物为主要原料生产出的有机肥，按照 300～400 元/吨的标准予以补贴，并将其纳入财政预算；健全畜禽保险体系，建立畜禽风险基金，切实提高病死动物补偿标准防疫需要而扑杀的生猪补助标准，建议由目前的每头 800 元提高到 1000 元，减少养殖户的经济及损失，提高其主动报告疫情的积极性。

3. 开展相关技术研发示范

建议国家要继续加大科技投入，在总结国内现有病死动物资源化利用技术的基础上，设立国家科技支撑计划，突出企业技术创新的主体地位，鼓励企业、高等院校和研究机构之间的合作创新，重点开展发酵微生物研究和生物发酵池工艺等关键技术、共性技术和公益技术的研究开发与应用示范，组装集成一批适应各地畜牧业发展的病死动物资源化利用工艺和设备，以促进中国病死动物生物发酵技术水平的整体提升。

4. 建立良性运行体制机制

病死动物可以通过生物发酵转化为生物肥，变废为宝，但该产业能否可持续发展，与生物质能源产业类似，还取决于病死动物的特性、收集难易、运输成本以及环境影响等因素。建立以生物肥企业为主体、市场为导向、政府引导推动的病死动物资源化利用格局，企业建立一套成熟完善的收储、加工和销售管理体系，通过政府指导，建立一套与养殖场（户）良性互动的利益联结机制，促进病死动物资源化利用产业的持续健康发展。

参考文献

［1］王兴平.病死动物尸体处理的技术与政策探讨［J］.甘肃畜牧兽医.2011（6）：26～29.

［2］康永松，郑　惠.病死畜禽无害化处理措施探讨［J］.福建畜牧兽医.2013（3）：54～55.

［3］石　磊，石银亮，康美红，等.规范化处理病死猪是生态文明建设不可忽视的内容［J］.中国畜牧兽医文摘.2012（11）：127～128.

［4］柴　刚，郝　成.两千万死猪的"殡葬"难题［N］.中国经营报，2013-04-01.

［5］林长光，邱章泉，江宵兵.借鉴台湾经验推进福建省病死畜禽无害化处理的政策建议［J］.福建畜牧兽医.2009（3）：23～25.

［6］陈淑才，张树村，江　波.临沂金锣生物发酵处理病死猪技术申请国家专利［N］.中国畜牧兽医报，2013-02-04.

［7］袁春梅.东海无害处理病死猪"一举三得"［N］.连云港日报，2011-05-06.

［8］官平东，赵锋燕.莲都实现病死猪无害化处理：一公斤肉变两度电［N］.丽水在线，2013-05-19.

［9］李大玖.美国畜牧专家说堆肥是处理死畜上佳办法［N］.新华国际，2013-03-27.

［10］郭　洋，蓝建中，陶短房.国外严格处理死亡动物［N］.国际先驱导报，2013-03-26.

［11］ 浦　华、王济民.发达国家防控重大动物疫病的财政支持政策
　　　［J］.世界农业，2008（9）：1～4.

［12］ 张雪梅，刘永功，王　莉.西部农村养殖业非点源污染实证研
　　　究［J］.生态经济，2009（7）：98～100，173.

［13］ 何林璘，病死猪难局求解［J］.财新新世纪，2013（14）.

［14］ 秦瑞英，常　杰.病死动物尸体处理存在问题与建议［J］.养
　　　禽与禽病防治，2010（8）：39～40.

［15］ 李索南才让，病死动物尸体无害化处理措施［J］.畜禽业，
　　　2012（8）：80.

［16］ 璐　羽，车　尧.生物质资源制约产业发展的问题及对策［J］.
　　　中国科技论坛，2013（5）：76～82.

第三部分　调研报告

第一篇　宁夏回族自治区固原市禽流感防控调研报告

杨郎村位于宁夏回族自治区南部六盘山东麓，固原市原州区头营镇北 5 公里，同沿高速东 1 公里，村内交通便利，并设有省道 101 杨郎收费站。全村共 7 个自然村，456 户，2 208 人。多数农户种地、养殖、本村打工兼顾。从事畜禽养殖的家庭达 264 户，其中 82 户从事蛋鸡养殖，每户饲养规模为 1 000 ~ 6 000 只。村内还养殖生猪 7 000 头，肉羊 6 000 只，奶牛 1 000 头，肉牛 200 头。2008 年该村发现蛋鸡高致病性禽流感（以下简称禽流感）阳性样本，2012 年再度暴发禽流感疫情，课题组于 2012 年 10 月赴该村进行了禽流感防控实地调研。

一、禽流感暴发情况

杨郎村作为农业部在宁夏禽流感固定监测场点之一，每月需抽检 20% 养鸡户，每户取 10 只蛋鸡，进行血清学、病原学检测，结果汇总至农业部《兽医公报》。2008 年 5 月杨郎村曾检测到 H5N1 禽流感病原学阳性样本，并及时对阳性样本所处自然村的全部蛋鸡进行了扑杀及无害化处理，共计 3 万余只。同时采取 21 天封锁、6 个月禁养、彻底消毒、周边自然村加强免疫等措施，未发生禽流感疫情。

2012 年 4 月 8 日，杨郎村一农户家蛋鸡出现死亡率偏高现象：总饲养量为 1000 只，单日死亡量达 200 余只。该农户及时上报。4 月 13 日省级动物防疫监督机构实验室血清学检测确认为禽流感疑似病例，4 月 18 日国家禽流感参考实验室经病毒分离与鉴定，确诊为 H5N1 禽流感。测定结果显示，病毒基因序列与以往约有 10% 的不同，存在病毒变异可能。另外，此次禽流感病征非典型化，未见病鸡脚鳞出血。

该疫情共引起23 880只蛋鸡发病，截至扑杀当日杨郎村未发病鸡群仅余25家。疫情发生后，农业部迅速派出工作组赴疫区指导扑疫工作，当地人民政府按照有关应急预案和防治技术规范要求开展疫情处置各项工作，严密封锁疫区，加强消毒灭源和监测排查，对病鸡及同群鸡9.5万只全部进行了扑杀和无害化处理。扑杀补偿标准为每只中央财政补偿8元，省级财政补偿8元，地方财政补偿4元，共计20元/只（2008年扑杀补偿为10元/只）。

二、禽流感防控现状

1. 原州区及杨郎村防疫状况

杨郎村所在的原州区基层兽医体系在兽医体制改革后，基础设施明显改善，但因人才相对匮乏，对重大动物疫病的防控能力仍亟待提高。目前，每个行政村配有1位防疫员，每位防疫员固定工资均由国家和地方共同承担：国家支付1 600元/年，地方支付1 400元/年。防疫员服务性收入来源（如黄牛品种改良）较少且不稳定。相比于当地临时工120～180元/日，村级防疫员待遇较低，人员流动性较大。人员专业水平上，杨郎村的村级防疫员为兽医大专文化；头营镇的7位乡镇兽医中，3位为畜牧兽医大专文化，2位为畜牧兽医中专文化，另外2位则为非专业人士培训上岗。2011年原州区乡镇兽医中共计30位报名参加执业兽医资格考试，其中2位分别取得执业兽医师资格和执业助理兽医师资格。

杨郎村部分养鸡户采取程序免疫，程序一般由饲料或鸡苗销售方提供，其他养鸡户则由防疫员春秋两季集中免疫。不采纳集中免疫的农户，多认为防疫员进行集中免疫主要是为完成任务，操作认真度不及自己。

2. 杨郎村典型养鸡户防控状况

被访农户具有 16 年养鸡经验，但其养鸡设施设备简陋。鸡舍由院前一土墙菜棚在 2009 年简单改造，由于资金所限（鸡笼 40 元/个），无温湿调控设备投入。鸡舍内一般存栏产蛋鸡 2 000 只，后备鸡 1 000 只。不同批次共舍，淘汰龄期不固定，未实现全进全出。舍内鸡笼布局为上中下 3 层鸡笼；每笼 5 格，每格 1 只产蛋鸡；不分寒暑，各层均不留空格，饲养密度较大。饲料品牌和鸡苗品种选用不固定，在品种上较看中淘汰鸡体重，而非抗逆或抗病性。免疫程序上，早期由政府防疫部门提供程序，其后由饲料商提供，2009 年始由鸡苗厂提供。免疫次数上，每批鸡除由鸡苗厂免疫马立克氏病外，被访农户另对其进行 5 次免疫，分别为：新城疫 1 次、传染性喉气管炎 1 次、产蛋综合征 1 次、禽流感 2 次。为增强禽流感防控，被访农户计划 2013 年增加禽流感免疫次数。

三、疫情主要成因分析

1. 农户管理意识淡薄

农户蛋鸡养殖密度较大，各户禽流感疫苗免疫参差不齐，未实现根据抗体水平高低适时补免。此条件下，农户理应在冬春换季月份，做好通风、温度等环境控制。但部分农户忙于其他产业，对特殊季节鸡群管理未给予重视。管理意识的薄弱，等于直接将蛋鸡置于气候变化的强烈应激中，病毒乘虚而入，导致疫情发生。

2. 病毒变异

疫情前，固定监测显示杨郎村抽样蛋鸡禽流感抗体水平较高，但病禽病征和病样病毒基因检测结果显示存在病毒变异可能。病毒变异可使先前接种的疫苗免疫保护失效，进而引发疫情。

3. 外来疫情

杨郎村生物安全体系较差，地处高速和国道之间，村内外出入人员和车辆较多，经高速可北连宁夏中卫市。中卫市宣和镇为老疫区，2006年6月和9月连续两次暴发禽流感疫情，2012年4月宣和养殖园区鸡群再次暴发禽流感疫情。不排除中卫疫情先发，"运鸡运蛋运饲料"等人员车辆流通将中卫疫情传入杨郎村的可能。

四、政策建议

1. 加强农户培训

组织培训是提高养殖户疫病防控意识和日常饲养管理水平的有效途径之一。通过培训，农户可以学习到疫病防控的相关科学知识，进而有意识地采取综合防控措施，改善畜禽生长小环境，提高畜禽抗病力，应对气候变化等诱病因素。

2. 加强监测预警

在保持现有有效监控工作的基础上，进一步完善疫情监控技术，密切跟踪春秋季禽流感暴发流行趋势，做好预报预警。

3. 多渠道强化防疫基础设施建设

对疫病多发的专业养殖村或养殖园区，组织建设村级生物安全隔离设施（如消毒关卡）及相关管理制度；对规模化畜禽养殖场，通过财政补贴，积极引导其标准化建设，重点补贴防疫基础设施建设，做到对外来疫情有备无患。

4. 深化畜禽保险

畜禽保险是国家管理疫病风险的工具之一，但发展缓慢。应加大宣传《农业保险条例》，引导养殖户参加畜禽保险，同时提高畜禽养殖户互助合作统一参保率，使畜禽保险里的疫病险种稳定运行，进而减少病畜禽私卖，减少疫情扩散。

参考文献

[1] 农业部.兽医公报2008年第6期：2008年5月中国内地禽流感、口蹄疫监测情况［EB/OL］. http：//www. moa. gov. cn/zwllm/tzgg/gb/sygb/200808/P020080804301848450895. pdf.

[2] 农业部新闻办公室.宁夏固原市原州区发生1起家禽禽流感疫情［EB/OL］. http：//www. moa. gov. cn/zwllm/yjgl/yqfb/201204/t20120418_ 2605976. htm.

[3] 白　云.禽流感对农户生计的影响［D］.北京：中国农业大学，2007：29～33.

[4] 冯自荣.几例高致病性禽流感的发生与防控［J］.现代农业科技，2012（20）：312～313.

[5] 刘　宇.粮农组织：全球面临新一轮禽流感暴发危险［EB/OL］. http：//stock. cnstock. com/overseas/jrjd/201301/2467934. htm.

[6] 朱　阳.政策性畜牧业保险发展的问题研究［D］.大连：大连理工大学，2012：55～62.

第二篇　山东省养殖户动物疫病防控和 畜产品质量安全调研报告[*]

接到调查任务之后，调研团队便着手组织学生利用元旦回家的机会进行调查。同时为了解真实情况，也在校友的帮助下联系了一个泰山区乡镇进行实地调查。根据以往调查经验，在学生中遴选了 11 名有调查意愿的学生，安排他们回家后在自己家的周围调查 10 户左右的养殖户。按照原先的计划，这 11 名学生分布在 11 个不同的县（市），按照一天四五户的速度，三天之内完全可以完成调查任务。然而，2012 年 12 月 18 日，中央电视台曝光了山东省青岛市、潍坊市、临沂市和枣庄市的"速生鸡"问题。这一报道使得山东省地方政府和养殖户对与陌生人谈论养殖问题极为排斥。调查员反馈回来的信息是：大部分养殖户不允许调查员询问比较敏感的防疫、禽兽药和检疫等问题，甚至连使用了哪些疫苗都讳莫如深。即使部分养殖户碍于情面接受调查也要求学生不许透露他们的信息。

元旦后学生一共收了 36 份问卷，但初步审查后可以用的问卷仅有 14 份。根据与研究团队成员沟通，将调查期限延长一周。在吸取第一次调查教训的基础上，第二次调查首先寻找合适的调查员，招募的标准是调查员的父母或可以无障碍沟通的亲属从事养殖业。由于学生无法在规定时间内回家调查，再考虑到调查是在子女与父母之间进行，基本不存在沟通和心理障碍，此次调查采用电话访谈。1 月 3~6 日一共招募了 50 名调查员，1 月 7 日收上来 97 份问卷。有的调查员做了三四份，大部分只调查了自己的父母。初选之后发现这 97 份问

---

　　* 2012 年底，中国农业科学院北京畜牧兽医研究所动物卫生重大问题研究课题组委托山东农业大学经济管理学院王士海博士及其研究团队，对山东省的养殖户动物疫病防控和畜产品质量安全行为进行了调研，本文是其撰写的调研报告。

卷中可以使用的问卷也仅有 60 份左右。两次调查获取的初选有效问卷一共不到 80 份，而且有一些还存在问题。为了保证问卷质量，在放假之前，又进行了一次调查员招募。这些学生利用寒假在家的机会做了二十余份高质量的问卷，寒假中，笔者又对遴选的问卷进行了进一步的审查，并且与养殖户和调查员进行了沟通，尽量弥补了问卷中的一些问题。

一、调研基本情况

1. 基本情况

根据调查，对于养殖户的一些基本情况有以下几点体会。

（1）养殖业从业人员老龄化趋向十分明显，绝大部分劳动力为 40 ~ 60 岁的中老年人

生猪、肉鸡与蛋鸡的养殖业具有高劳动投入、高资本投入、高污染、高风险和低平均收益的特点，在劳动力就业途径多元化的今天，绝大部分年轻人不愿意从事这种工作。总的来看，养猪业的从业人员平均年龄要大于肉鸡养殖业，肉鸡养殖业从业人员平均年龄要大于蛋鸡养殖业。其中原因在于：养猪业相对规模较小，部分老年人可以在自己家中饲养两三头母猪，而且生猪饲养的疫病风险较小，而投入相对较低；肉鸡养殖业多采取"公司＋农户"模式运营，在经营中存在"高进高出"的特点，投入较大，而且疫病风险远高于生猪产业；蛋鸡养周期长、环节多、技术要求高，除非是进入时间较久，否则一般的年龄较大的农民不敢从事该行业。

（2）劳动力教育基础较差，普遍缺少自主学习现代养殖技术的能力

在调查中明显感受到养殖户对现代养殖技术的强烈需求愿望，但由于自身基础知识积累不足，一般都难以顺利地接收到新技术。这一点在中老年劳动力身上反应的更为明显。养殖技术的缺乏使得养殖户在生产中面临较大的技术风险，遇到疫病往往求诸于自己的经验和同

业邻居或亲戚的建议，较好的方式是求助于乡村兽医。在调查中接触到某个养殖农民是中专学历，在与其聊天中发现其中等教育对其持续学习养殖技术有很大帮助。

（3）养殖的专业化水平较以往有了很大提高

这些年，随着年轻人外出打工比例不断增加，农村养殖业的集中化程度越来越高，专业化水平较以往有了很大提高。这种专业化主要体现在两个方面：一是经营主体专业化，即从事养殖业的农户的专业化水平有了明显提高。以往那种家家养鸡养猪的状况已经发生了明显改变。尤其是农村村容改造以后，普通农户建立散养鸡鸭猪的越来越少，有的村甚至找不到一只鸡或一头猪；二是区域专业化水平提高，特别是在一些近郊村，专门的蛋鸡养殖村或肉鸡养殖村逐渐形成。专业化农户一般倾向于选取村外独立区域（如废弃的小学、工厂或村外林地）作为养殖场，一般不愿意与其他养殖户邻近。

（4）专业化养殖投入高，风险大，相对收益较低

建设标准化的养殖场所需投入很大，而成本回收周期较长，而且其中面临的不确定性较大。例如，建设一个100平方米的标准化鸡舍大约需要物质投入15万元，一般的养殖户承担不起这样的投入。如果按照肉食鸡养殖规格来饲养，成本回收周期会很长，这也是为什么养殖户超高密度养殖肉鸡的主要原因（也是"速生鸡"问题产生的根源）。养殖户所面临的主要风险有两个：一是市场风险，二是疫病风险，其中市场风险是最主要的。对于专业化养殖户而言，疫病是可以控制的，只要按照养殖技术要求做好防疫和疫病防控，疫病风险一般是可以预期的（部分年份例外）。但市场的不确定性却时常存在，且养殖户无法掌控。

2. 防疫情况

养殖户的防疫凸显出很多问题，具体如下。

（1）小规模养殖户畜禽免疫不规范，甚至有的以医代防

调查发现，专业养殖户特别注意流行病免疫，能够按照养殖规范在不同的时期对猪或者鸡进行免疫。但小规模的养殖户，尤其是散养

户尽管知道免疫的重要性，但并不愿意在防疫上投入。有的散养户直到畜禽出现疫情时才知道进行治疗。这时候一般都较晚了，很可能会引起地区疫情的暴发。

（2）养殖户防疫知识缺乏，无法得到防疫服务

小规模养殖户或散养户之所以在防疫上做的不好，与其缺乏防疫知识，得不到很好的防疫服务有之间关系。在调查和反馈中，很多农户甚至不知道对自己饲养的禽畜使用什么疫苗，即使在防疫员或兽医的帮助下做了防疫，也不知道用了什么疫苗。有的调查员为了获取养殖户的防疫信息不得不到其家中查找购买过的疫苗盒子，已确认使用过的疫苗种类。此外，大部分养殖户除了求教于本村或邻村兽医，一般很难获取防疫技术服务。乡镇兽医站主要服务于规模较大的养殖户，而与小规模养殖户少有联系。而现实的情况是，较大的疫情往往是从这些小规模养殖户或散养户那里开始暴发的。如果这些养殖户的防疫情况做不好就不可能做好区域疫情防控。

（3）兽医站在防疫中的作用微乎其微

被调查养殖户中普遍反映兽医站并没有起到防疫功能，大部分农户除了到兽医站购买疫苗之外基本上不与兽医站技术人员有什么联系。即使是规模较大的养殖户也反映禽畜的防疫主要是自己在做，兽医站在这些工作中基本上不发挥作用。有的地方建立了私营的防疫机构为养殖户提供防疫服务。

（4）强制免疫问题多多

部分地区对规模较大的养殖场实行强制免疫，例如，生猪养殖中对猪瘟、口蹄疫和蓝耳病实行强制免疫，兽医站会给养殖户提供免费疫苗。有的地方对蛋鸡的禽流感实行强制免疫。然而，无论是调查还是电话回访，农户普遍地对这些免费疫苗表达出不信任感。主要是因为县和乡镇两级防疫主管部门在疫苗的保管、运输和分配过程中不够规范，尤其是对于疫苗所要求的温度控制难以实现。因此，几乎所有的养殖户并不使用兽医站提供的免费疫苗，而是自己购买相关疫苗。

（5）养殖户在免疫时具有较强的机会主义倾向，能省则省，造成防疫链条不完整

例如对于雏鸡易感的马立克氏病、传染性支气管炎，最好在1日龄接种疫苗，防止接种前已隐性感染。但大部分鸡苗场轻视对鸡苗的防疫。同样专门出售仔猪的养殖户往往轻视对仔猪的防疫。当禽畜到达育肥场时往往错过了部分疫苗的最佳接种时机。

（6）专业化养殖场消毒制度严格，但小规模养殖户或散户基本没有消毒制度

调查中发现，较大规模的养殖场一般不让本人进入养殖区，只能在办公区活动。但是绝大部分小规模养殖户一般没有建立消毒制度，并不太注意外来人员、车辆等可能带来的风险问题。

3. 饲料

（1）养殖户饲料价格不断上升，养殖成本增加

由于近些年玉米、豆粕等饲料价格显著上涨，养殖成本明显增加。尤其是专业化养殖户的饲料来源较为单一，饲料的价格需求弹性很小，不断上涨的饲料价格使得养殖业盈利水平很低。除了一些进行大量基础设施投入的养殖户，不少小规模养殖户退出养殖行业，这也是导致养殖业集中度不断提高的主要原因。饲料成本高企，加之市场风险和疫病风险的存在使得养殖业风险加大。以养殖业为例，一头母猪从购买仔猪到繁殖仔猪销售的成本超过5 000元，一旦市场行情不好或者遭受疫病，养殖户损失就会很大。例如调查的某个养殖户在前些年的蓝耳病暴发的时期，一年死亡母猪20余头，损失10余万元。

（2）大部分中小规模养殖户对禽畜营养技术要领了解不多，大多还采用传统饲养技术

目前养殖户饲养的大多是大白、长白、杜洛克等洋种猪，土猪越来越少了，不少养殖户还使用土办法来养洋猪，所以很难养好。大部分中小型猪场的技术服务主要来自兽药、饲料销售人员。这些人对猪场推荐的保健方案、饲料、添加剂等都有明显的逐利性，这是不可避免的，同时也是非常危险的。养殖户尽管可以通过学习提高自己的水平，但水平再高也不可能达到专业兽医的水平，所以众多中小猪场防疫、保健方案无奈地被某些厂家牵着鼻子走。国内有些兽药厂家给养

殖场户提供的保健方案，今天吃这药，明天吃那药，从出生到出售，简直不是吃料长大，而是吃药长大。

（3）"公司＋农户"养殖方式使得养殖户不了解所使用饲料的饲料配比情况，特别是对添加剂的使用情况不甚了解

因此在收上来的问卷中，不少问卷在该问题上是空白的。

4. 疾病诊治

（1）乡村兽医成为养殖户最主要的疫病防控技术来源

尤其是小规模养殖户，面临畜禽疫病暴发基本上只能寻求乡村兽医的帮助，缺乏最基本的疫病诊治知识。然而，通过与几个乡村兽医的沟通得知，绝大部分兽医是当年的中专生和高中生，知识结构相对老化，从业经验对疫病的诊治起到很多作用。兽医认为近10年禽畜疫病明显比20世纪增加很多，而且防控成本增加了很多。以前养鸡疾病的防治才几毛钱的成本，用土霉素、青霉素就能治好禽病，现在需要用头孢类抗生素，甚至一些更为高级的药，平均一只鸡的预防加治疗药费达到了两块多。

（2）兽药市场混乱，假药泛滥

由于兽药行业准入门槛不高，导致市场上存在大量的兽药企业，每年都会推出很多新的兽药。这一方面满足了养殖户对新型兽药的要求，另一方面却带来不少负面影响。一是兽药市场缺乏监管，一些仅仅换换包装和名称的"假"新药不断出现，养殖户感到无所适从。有时候为了治疗一种疾病，使用了两个名字的兽药其实是一种药。二是"真"假药也时有出现。药厂推广人员通过办招待会、宴请、上门推广等方式与养殖户（尤其是较大规模的养殖户）建立联系，极力推广自己的兽药。一旦药品使用效果不明显却找不到负责单位。

（3）病死畜禽处理黑幕触目惊心

尽管养殖户大多知道病死猪（鸡）的无害化处理规则，也明白病死猪（鸡）不能流向市场，但真正的情况是绝大部分病死猪（鸡还好一点）都通过非正常途径流向了餐桌，这应该是养殖业内公开的秘密。有一个养殖户告诉笔者，近些年来他猪场死掉的生猪不下

50头，没有一头是无害化处理掉的，基本上都找猪贩子卖掉了，有的趁还没有死亡就卖掉。有的肉鸡养殖户发现自己养的鸡出现了致死病症状就会马上低价处理掉，即使是病死的鸡，除非是恶性流行病暴发时期（那时政府相关部门防控的比较严格），也大都卖掉。在收集上来的问卷中，绝大部分都选择当畜禽生病后进行治病，其实，当治不好时就会低价出售。想减少病死猪流入市场问题，最主要的不是打击违规行为，而是帮助养殖户做好免疫和疾病防治，减少猪的病死率。

（4）在疾病防治上，兽医站作用发挥甚微

此次调查让笔者感到最为震惊的还是政府相关部门在禽畜疫病防治上的不作为。根据农户的反映，他们一般没有接受过兽医技术人员在疫病防治上面的培训、指导和具体帮助。兽医站除了销售兽药、疫苗和饲料之外，基本上没有发挥其公益性职能。如果说完全没有发挥也不够客观，兽医站技术人员一般多与大中规模养殖场联系，而这些养殖场一般都有专门的技术人员，或者养殖户本身就具有相当水平的兽医知识。真正需要帮助的小养殖户和散养户基本处于被遗忘的角落。正如上面所言，小规模养殖户和散养户才是区域养殖业发展在防疫与疫病防治工作上的短板，如果这个短板补不好，很难做好本区域疫病的防控工作。

（5）兽药滥用问题严重

就像中央电视台报道的肉食鸡养殖中滥用兽药问题，养猪业滥用兽药的现象也相当严重。一头猪从出生到长到100公斤出售每个阶段都要吃各种药，很多时候养殖户使用抗生素不考虑副作用只考虑疗效，为了见效快，还会把几种抗生素混在一起大剂量使用。据兽医讲，由于大量抗生素的使用，细菌耐药性增强。过去，大肠杆菌、葡萄球菌感染属于容易治疗的细菌性疾病，现在却变得不易治疗，成为猪的主要传染病。相比治疗性用药，饲料中被添加了更多的抗生素成为养殖户常用的用药手段。

（6）饲料添加盐酸克伦特罗现象在一定程度上得到了遏制

调查显示，中大规模养殖已经不敢使用盐酸克伦特罗等违禁品，但小规模养殖户和散养户仍有人在使用。大部分养殖户告诉调研人员畜牧局等机构对瘦肉精的检查力度还是比较大的，会不定期地对养殖场的生猪进行尿检。然而，畜牧局的检查很难覆盖众多的散养户，使用瘦肉精的现象依然存在。而且有时候养殖户本身也不知道自己有没有添加"瘦肉精"，因为有的成品饲料里已经添加了这些违禁成分。更为可怕的是，在生猪的销售中，使用了"瘦肉精"的猪，由于长相好，卖价往往会比较高。

5. 销售

（1）售前检疫形同虚设

尽管有的问卷显示售前会进行检疫检测，但根据调查和电话回访，几乎没有一个养殖户的生猪或肉食鸡在出售之前是真正进行检疫检测的。大部分都是仅发检疫证而不进行真正检测。有的地方是预先购买检疫证，不同的地方价格不一，有的两元钱一张，有的三元钱（其中消毒费 2 元）一张。不过，有的养殖户认为"速生鸡"事件后，政府相关部门可能会在售前检疫方面加强管理，不过效果如何不得而知。考虑到养殖业的相对分散性，严格做好售前检疫工作似乎并不是一个很容易的工作。

（2）大部分养殖户的销售渠道较为单一

小规模养殖户一般会直接将生猪或肉食鸡销售给贩子或者当地屠宰场，而中型养殖场往往会借助经纪人将自己的猪销售给外地加工企业。以生猪为例，经纪人佣金为 10 元/头猪（山东省济宁市行情）。一般中型规模的肉食鸡养殖场采取"公司 + 农户"经营模式，育肥的肉食鸡，直接销售给龙头企业。

（3）其他

关于问卷第 8 个问题，如果问卷没有选择第一个选项可以直接忽视，这个答案肯定是不正确的。因为在进行回访和直接调查中发现，绝大部分养殖户会选择尽快销售。以一头 100 公斤的生猪为例，如果生病但没死卖价会根据病情达到照市场价的 50% ~ 80%，一旦死亡也仅能买到 100 ~ 200 元，大约为市场价的 1/10 左右。

6. 合作防疫

尽管大部分养殖户认为合作防疫有利于控制疫病的发生，但真正意义上的合作并不多见。现有的合作防疫多在"公司＋农户"经营模式下的出现，而农户之间自发的合作防疫很难达成，主要原因在于集体行动困境。想解决这个问题就需要农业主管部门能在其中发挥主导作用，显然这些部门做的还远远不够。

二、影响当前中国动物疫病防控的主要原因

1. 禽畜产品国家宏观调控与弱势养殖户的淘汰

目前国内养殖业出现的问题的根源很多，但其中规模过小，经营分散应该是两个重要的原因，如何才能实现行业整合，将小规模养殖户淘汰出局是政府需要考虑的一个问题。如前面所言，近些年养殖专业化水平和集中度有了明显提高，但是小规模养殖户和散养户的存量依然很大。而这些养殖户很难被监管，而且免疫和疫病防控不规范，成为了导致疫病暴发和禽畜产品质量安全问题频发的重要因素。行情波动是市场机制发挥作用的主要表现，政府有没有必要对行情的变化给予过多关注？对于那些实力较强的养殖场而言，即使行情较差也可以渡过难关，但小规模养殖户可能就会因为行情差退出该行业。让市场发挥作用，政府把精力放在疫病防控上更有利于国内养殖业的健康发展。

2. 土地管理与养殖业发展

根据国土部门过去的规定，养殖业用地只能选择建在一般农用地上。但一般农用地占比很小，且零星分散，面积大的地块很少，又都在民宅、工厂、学校周边，不符合建办标准化养殖场的环评要求。在推进标准化养殖的过程中，土地审批成为制约标准化养殖发展的难点。调查中很多养殖户反映场地问题已经成为制约其养殖的重要因

素。此外，土地租用成本也在不断上涨，不少最先进入养殖业领域的农户面临续签土地租用合同的时候，而土地租用费用却较 10 年前上涨了数倍。

3. 扩大国家强制性免疫范围，规范强制免疫工作

禽流感、新城疫、法氏囊等是对家禽业危害最大的疾病，目前，仅禽流感实行了国家强制性免疫，费用由国家负担。建议增加新城疫、法氏囊的强制性免疫，取消检疫费用的收取，减轻养殖企业负担。此外，规范强制免疫工作，杜绝因设施、管理不完善带来的疫苗质量问题已经成为一个十分迫切需要解决的大问题。

4. 粪污无害化处理压力大

目前，国内对畜禽粪便的无害化处置，都是应用生物发酵法进行灭菌，通过生物发酵固然能达到灭菌的效果，但在发酵过程中产生大量臭味，并且粪便的堆积过程中会孳生许多病菌，对处理场所周围的环境影响颇大。由于畜禽粪便无害化处理的投入明显大于产出，影响了企业对畜禽粪便无害化处理的积极性，造成农村面源污染的状况得不到根本性改变。建议进一步加大畜禽粪便治理项目的政策扶持力度，并将其用电纳入农用电范围，降低处理成本。对治污效果显著的企业出台一系列优惠政策，诸如按转化有机肥的吨位进行财政补贴，以鼓励和支持企业加强畜禽粪便的无害化处理，促进畜牧业的可持续发展。对于养殖农户较集中的地区，建议由政府担负建立处理厂的责任，对各养殖户的畜禽粪污进行集中统一处理。

5. 养殖业政策性保险制度应该适时出台

现在，农业保险试点在国内众多省市进行得如火如荼，但国家层面的立法还没有出台，得到保险保护的养殖户还十分有限。调查中不少养殖户反映疫病风险对其影响过大，那么主管部门是不是应该设立专项配套资金，与保险公司研究开发适用于养殖业的险种。

第三篇 辽宁省农户养殖行为及认知调研[*]

伴随一些畜产品质量安全事件的曝光，政府动物卫生管理、农户畜禽养殖行为等成为大众谈论的热点话题。保证动物健康、畜产品质量安全，关键在养殖环节，即生产阶段，成为共识。为了了解基层农户特别是养殖大户在猪鸡生产中的管理行为及认知，课题组在2013年初对辽宁省昌图县的生猪养殖户和沈阳市肉鸡、蛋鸡养殖户进行了调研。

一、调查样本的基本情况

1. 辽宁省畜牧业发展状况

辽宁是农业大省，也是畜牧业大省。据统计，2010年，辽宁省畜牧业产值为1 270.6亿元，在全国排名第5位；肉类总产量为406.7万吨，排第7位；猪肉产量为228.4万吨，排第11位；牛肉产量为41.6万吨，排第6位；羊肉产量为7.9万吨，排第15位；奶类产量为126.7万吨，排第8位；禽蛋产量为275.7万吨，排第4位。2011年，辽宁省生猪存栏1 567.6万头，其中可繁母猪存栏215.4万头，同比分别下降2.4%和1.5%；生猪出栏2 682.7万头，同比增长3.3%。家禽存栏3.9亿只，其中蛋鸡存栏2.6亿只，同比分别增长1.9%和2.5%；家禽出栏7.2亿只，其中肉鸡出栏6.9亿只，同比分

———————

* 2012年底，中国农业科学院北京畜牧兽医研究所动物卫生重大问题研究课题组委托沈阳农业大学经济管理学院潘春玲博士及其研究团队，对辽宁省的养殖户动物疫病防控和畜产品质量安全行为进行了调研，此文是该团队撰写的调研报告。

别增长 5.8% 和 4.1%。

在资金扶持方面，2010 年，辽宁省积极扶持生猪生产，继续在昌图、阜新等 12 个生猪养殖大县组织实施国家生猪良种补贴项目，补贴生猪 50 万头，补贴资金 2 000 万元。12 个项目县累计人工输配能繁母猪 43.6 万头，已妊娠和产仔母猪 42 万头。补贴范围覆盖 12 个县的 297 个乡（镇）3 041 个村（屯），受惠农户达 12 万多户。全省共落实国家生猪调出大县奖励资金 11 981 万元，对普兰店市等 17 个生猪调出大县给予奖励。继续推行畜禽标准化养殖，安排专项资金，采取以奖代补方式，对当年新建并通过验收的畜禽标准化养殖小区，按照补贴单元每个补贴 20 万元，其中省财政 10 万元，市、县（区）配套 10 万元。全年全省共筹措资金 3 亿元，扶持新建畜禽标准化养殖小区 3 000 个，其中：扶持新建存栏能力 1 000 头的生猪标准化养殖小区 988 个，扶持新建 1 万~5 万只的家禽标准化养殖小区 576 个，扶持新建存栏能力 200 头的肉牛标准化养殖小区 410 个，扶持新建存栏能力 500 只的养羊标准化养殖小区 502 个。截止到年底，全省共建成畜禽标准化养殖小区总数达到 12 000 个，标准化规模养殖比重达到 60%，全省肉蛋奶总量的 65% 以上来自标准化养殖小区。

在良种繁育及推广方面，2010 年，辽宁省已建成规模种畜禽场 920 多家，存栏种猪、种鸡、种牛、种羊分别达到 12 万头，800 万套，同比分别增长 15%、10%。向省外调出种猪 1.8 万头，父母代鸡雏 110 万套，同比分别增长 20%、11%。

在饲料生产方面，2010 年，辽宁省饲料生产年双班设计能力 2 600 万吨，饲料产品总产量达到 1 123.1 万吨，较上年同比增长 8.2%，其中：配合饲料 723.3 万吨，同比增长 11.8%；浓缩饲料 379.8 万吨，同比增长 2.9%；添加剂预混合饲料 20.0 万吨，与上年相比下降 9.6%。全年实现饲料工业总产值 289.68 亿元，比上年增长 11.0%。

2. 调查方法与主要内容

中国动物卫生重大问题研究辽宁省的抽样调查共组织 6 名学生

（5 名研究生和 1 名博士生），由沈阳农业大学经济管理学院 3 位老师带领并指导。调研得到了昌图县和沈阳众成牧业发展有限公司相关领导的支持和帮助。

此次调研根据畜禽品种分为两个地区，生猪的调研地区主要选在昌图县昌图镇的二道沟村、三道沟村和太阳山村。养鸡户的调查地区选择沈阳市附近市县的养殖户或养殖企业。最终获得有效调查问卷共 110 份，养猪户 77 家，养鸡户 33 家。

调查内容包括个人信息、养殖场地、人员及盈利状况、养殖（繁育）模式及畜禽数量、动物疫苗注射、政府防疫服务、动物粪污处理、种畜来源、圈舍卫生管理、饲料来源及配制、饲料添加剂使用、饲料质量控制、兽医诊疗、兽药来源及使用、休药期认知、兽药残留认知、病死动物无害化处理认知、畜禽生病情况、产地检疫、产品销售、合作防疫意愿等。

3. 养殖规模及人员、盈利

77 家养猪户中，年出栏量不到 100 头的有 39 家，平均量 67 头；年出栏量 100 ~ 200 头的 21 家，平均量 140 头；年出栏量 200 ~ 500 头的 15 家，平均量 305 头；另外 1 家年出栏量 940 头（图 3 - 1）。

33 家养鸡户中，年出栏量 100 ~ 999 羽的 1 家，100 只；年出栏量 1 000 ~ 9 999羽的 18 家，平均 3 989只；年出栏量 10 000 ~ 99 999羽的 13 家，平均 41 423只；年出栏量 100 000羽的养殖企业 1 家（图 3 - 2）。

被访 110 家养殖户，从业人数为 1 ~ 3 人的 98 家，从业人数 3 人以上的 12 家，从业人员年龄主要在 25 ~ 50 岁，文化程度以小学、初中为主。2011 年盈利为负的 2 家（养猪户），盈利为零的 2 家，其余 106 家盈利额从 2 000 元到 900 万元不等。77 家知晓或估计其邻近养殖户经营者年盈利，其中 36 家比邻家盈利多，14 家盈利与邻家持平，27 家比邻家盈利少。2012 年盈利为负的仅 1 家（养鸡户），其余 109 家盈利额从 2 000 元到 2 000 万元不等。2012 年共计 61 家实现年盈利额正增长，34 家年盈利额与 2011 年相当，其余 15 家年盈利

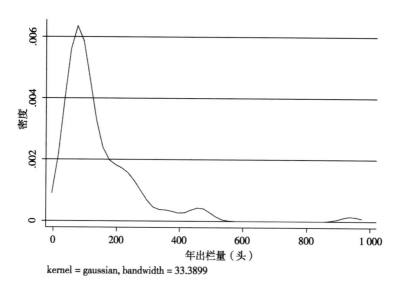

kernel = gaussian, bandwidth = 33.3899

图 3 – 1 养猪户年出栏密度图

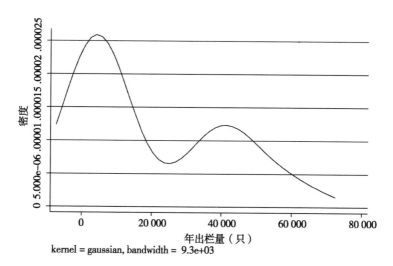

kernel = gaussian, bandwidth = 9.3e+03

图 3 – 2 养鸡户年出栏密度图

额较 2011 年下降。

二、引种、生产环境管理及病死畜禽处理

1. 引种

考虑到农户的理解，调研中"引种"并非严格意义上的引入种畜禽，而是将农户从外购入用于生产这一行为统称为引种，即无论购入畜禽被用于配种、产仔、产蛋，还是育肥，都被纳入引种的概念范畴。那么，如果外购畜禽携带一些疫病病原，不仅会影响这部分畜禽的健康，若直接入栏入群，一定程度上还存在着引入外来疫情的风险。许多疫病一旦引入，设法从养殖环境中清除相当困难。特别是养殖规模化加快，引种的重要性更为突出。

受访的77家养猪农户中，47家为自繁自养（占61%），26家自繁仔猪部分出售部分自己育肥（占34%），4家买仔猪育肥，2家专养母猪和仔猪，不进行仔猪育肥。由此看来，自繁自养模式能较好地控制仔猪质量，已经为广大养猪户所采用。不过，调研中也了解到自繁自养农户在其预期未来效益较好时，会购买仔猪育肥或增购母猪育仔。也即预期养殖效益好时，农户之间或者农户与大型养殖场之间的"引种"会更加频繁，养殖场户间交叉感染的概率会随之增大，这可能为区域性疫病暴发埋下"伏笔"。

对于（种）畜禽来源，10家从集市购入，21家从友邻场引入，25家从亲戚朋友介绍的养殖场引入，6家从动物防疫部门指定的养殖场引入，还有一些养猪户多种途径都有。比较而言，大部分农户选择了自己比较信任的养殖场引种，从集市购入的仅占13%。可能正是因为出于信任，无隔离设施及习惯，只有14家养猪户表示在引种时进行了隔离观察，仅占18%，即使是调查到的一些规模较大养殖场也表示没有进行隔离观察。可见，引种隔离这一行为在养猪户中并未"深入人心"。

受访的33家养鸡农户中，仅2家为自繁鸡苗，鸡苗部分出售，部分自养，其余均为外买鸡苗（占94%）。这一点反映出，对养鸡业

来说，保证种禽场鸡苗的健康程度较为关键，因为绝大部分农户都是外购鸡苗。一旦种禽场染疫，可使所售区域全部染疫，进而暴发区域性疫情。而关于（种）畜禽具体来源，6家从集市购入，8家从友邻场引入，13家从亲戚朋友介绍的养殖场引入，5家从动物防疫部门指定的养殖场引入，1家经养殖协会介绍引入。未出现多种养殖场引入的情况，说明鸡苗的购销关系较为固定。和养猪业一样，大部分养鸡农户选择了自己比较信任的养殖场引种，从集市购入的仅占18%。但引种时进行隔离观察的比重显著高于养猪农户，共有19家（占58%）。这可能和农户鸡苗全为外购，常有因鸡苗阶段染疫而经济损失较大有关。可见，引种隔离这一保护措施在养鸡户中得以重视和实施。

2. 生产环境管理

环境对动物卫生有重要影响。养殖场所远离同类动物养殖、流通、交易、屠宰等场所有利于疫病防控。从养殖场所所在的区域来看，77家养猪户中74家养殖场地在自家院落，2家在养殖小区，1家在村外独立区域；33家养鸡户中26家养殖场地在自家院落，6家在村外独立区域，1家在农田。即90%的农户在自己院落从事养殖，2%在养殖小区，6%在村外独立区域，1%在农田。可见，对于当前农户而言，自家院落仍是从事养殖的主场所，动物的生活区和村民的生活区距离较近，较不利于部分人畜共患病的防控。其次，有30%的农户养殖场所距离其最近的同种动物养殖场所不到0.5km，若按中国动物饲养场、养殖小区动物防疫审批条件的要求，这部分农户的养殖场所位置不利于防疫。

良好的粪污处理有利于人畜健康。在粪污处理上，被访养鸡户一律采用堆肥的方式处理鸡粪，养猪户也普遍采用堆肥的方式处理猪粪，仅9%的养猪户（7家）采用沼气池处理猪粪。有21家农户会因为动物气味或粪污外流影响与邻居关系，分别是1家使用沼气池处理动物粪便的养猪户，2家选择动物粪便直接扔掉的养猪户，7家将动物粪便堆肥的养猪户，11家养鸡户。比较而言，养鸡比养猪更容易因动物气味或粪污影响人居环境而影响到邻里关系。在这样的环境下，苍蝇蚊虫及各种病原微生物容易滋生，进而引发畜禽疾病。同时大部分农户均表示没有病畜禽隔离设施和专门的消毒设施，这造成全群患病的概率难以降低。

虽然大部分农户无专门的消毒设施，也不知晓何为消毒制度，但调研发现80%的农户在养殖管理中都会进行生产环境消毒工作。110家农户无论从事养猪还是养鸡，对哪些场所需要消毒一问，都有相同的选择趋势：首先，圈舍100%需要消毒；其次是进出人员、圈舍间空地、生产区道路需要消毒，59%的养殖户认为进出人员、圈舍间空地需要消毒，43%的养殖户认为生产区道路需要消毒；再次是运载车辆需要消毒，19%的养殖户认为运载车辆需要消毒；最后，少量专业户、养殖场及个别普通农户认为办公室、食堂需要消毒。另外，68%的养鸡户认为进出人员需要消毒，高于养猪户的56%，同时，25%的养鸡户认为运载车辆需要消毒，高于养猪户的17%。这可能是因为进出养鸡户的人员车辆更频繁，给其带来的疫病风险更大，所以养鸡户更认同进出人员、运载车辆需要消毒。

圈舍管理上，若一人管理一舍，且用具分别使用，能降低不同圈舍动物间交叉感染疾病的风险。77家养猪户中，45家一人管理一舍，14家一人管理两舍，18家一人管理多舍；33家养鸡户中，32家一人管理一舍，1家一人管理多舍。可见，不论养猪还是养鸡，每名饲养人员只管1个圈舍即"1人1舍"模式占主导。同时，养猪户中54家圈舍用具集中使用，23家圈舍用具分别使用；养鸡户中10家圈舍用具集中使用，23家圈舍用具分别使用。若只以这两点判断，养鸡户比养猪户在行为上更注重圈舍管理。

3. 病死畜禽处理

病死畜禽对人畜来说都是严重的污染源，因此，对病死畜禽的处理成为有效控制畜禽传染病的重要环节。对于畜禽生病后如何处理，77家养猪户中65家选择治病，1家选择出售，11家选择处死扔掉；33家养鸡户中23家选择治病，10家选择处死扔掉。当问及在发现待售畜禽可能生病是否继续销售，有 3 户养猪户和 7 户养鸡户表示尽快销售，其余农户均表示对可能生病的待售畜禽进行检查治病，部分农户特别注明不销售、处死扔掉。

在病死畜禽无害化处理认知上，81% 的养猪户（62 家）不知道病死畜禽无害化如何处理，27% 的养鸡户（9 家）不知道病死畜禽无害化如何处理。合计而言，近 2/3 的养殖户不知道畜禽无害化如何处理。养鸡户的知晓率高于养猪户可能是由于鸡只无害化处理比生猪无害化处理更常见。

值得说明的是，畜禽生病后处死扔掉的 11 家养猪户有 9 家不知晓病死畜禽无害化如何处理，畜禽生病后处死扔掉的 10 家养鸡户有 5 家不知道病死畜禽无害化如何处理。可见，农村病死畜禽非无害化处理现象长期存在，不仅与农户支付其处理成本动力不足有关，也与农户的无害化处理技术知识相对匮乏有关。

三、动物疫苗注射及政府防疫服务

1. 疫苗种类

77 家养猪户在 2012 年的养殖过程中，各种非强制性疫苗的使用户数如表 3 - 1 所示。

表 3 - 1　生猪养殖户非强制性疫苗的使用户数一览表　　单位：户

伪狂犬病疫苗	乙脑疫苗	副嗜血杆菌疫苗	传染性胃肠炎疫苗	细小病毒疫苗	猪丹毒－猪肺疫二联苗	仔猪副伤寒疫苗	猪链球菌疫苗	猪圆环病毒疫苗
74	15	11	27	46	49	33	12	10

根据兽医专家工作经验"一般一个地区哪种动物疾病较流行，相应的疫苗使用也较多"可推断，在受访养殖区域，猪伪狂犬病、猪细小病毒病、猪丹毒、猪肺疫、仔猪副伤寒、猪传染性胃肠炎等发生率相对较高。

33 家养鸡户在 2012 年的养殖过程中，各种非强制性疫苗的使用户数如下（表3-2）。

表3-2　鸡养殖户非强制性疫苗的使用户数一览表　　　单位：户

新城 疫疫苗	马立克氏 病疫苗	传染性支气管 炎疫苗	传染性喉气 管炎疫苗	传染性法 氏囊疫苗
33	24	26	21	22

可见，在调研地养鸡户对这5种非强制性疫苗使用率都较高，其中新城疫疫苗使用率达到100%，一定程度上反映了养鸡户对事前疫苗预防的重视。

2. 疫苗注射

52%的养殖户（57家）疫苗由自家人注射，48%的养殖户疫苗由乡村防疫员、兽医等专业人士注射。可见，动物疫苗注射，由自家人操作的户数超过了由乡村防疫或兽医人员操作的户数。可能的原因之一是：非强制性疫苗注射找乡村防疫或兽医人员不方便且要支付一定注射费。由自家人注射疫苗的57家养殖户中，养猪户34家，占总养猪户数的44%；养鸡户23家，占总养鸡户数的72%。可见，与养猪户比较，养鸡户更倾向于自家人注射疫苗。这一定程度上侧面反映了，对鸡群疫苗免疫比对生猪疫苗免疫的操作难度小，养殖户更容易掌握鸡群免疫操作技术。另外，未发现是否由自家人注射，与年出栏量或盈利的大小存在规律相关。

对疫苗效果的评价，64%的养殖户表示效果很好，35%的养殖户表示效果一般，1%的养殖户表示无效果。表示疫苗注射后无效果的是1家养猪户，调查数据未显示该农户家的生猪出现高死亡率。但调查数据显示，畜禽死亡率的高低可能会影响养殖户对疫苗效果的评价。死亡率高时，养殖户更倾向评价疫苗效果一般。

就疫苗购买地点，18%的养殖户在乡镇兽医站购买，26%的养殖户在县兽医站购买，49%的养殖户在私人兽药店购买，其余的具体情况分别为：1大型养猪场根据厂家自主采购，2家养猪户在乡兽医站和私人兽药店都有购买，1家养猪户主要为政府提供、其余在私人兽药店购买，1 家养猪户在乡兽医站、县兽医站和私人兽药店都有购买，1 家养鸡户主要为政府提供。可见，疫苗购买的地点并非单一的。对非强制性疫苗而言，选择私人兽药店购买的比重可能较大。

免疫前对畜禽做抗体检测能使免疫做到有针对性，由此决定疫苗剂量、是否补免等事宜。畜禽免疫前做抗体检测的养殖户中，养猪户 39 家，占总养猪户数的 51%；养鸡户 23 家，占总养鸡户数的 70%。可见，对鸡群做免疫前抗体检测的比重高于对生猪做免疫前抗体检测的比重。

3. 政府防疫服务

防疫员上门指导的情况较好。84% 的被访户都能得到防疫员的上门指导，并且 50% 的被访户每年能获得防疫员 5 次以上的上门指导。能得到防疫员上门指导的被访户中，48% 表示每名防疫员指导养殖户总户数在 60 户以内，52% 表示每名防疫员指导的总户数在 60 户以上。未发现，"若防疫员指导总户数多，那么该防疫员上门指导次数就少"的规律。

问及动物免疫标识及可追溯管理，70% 的被访户表示，经强制免疫的动物建立了免疫档案并加施了免疫标识，26% 的被访户表示没有，4% 的被访户未作答；同时，40% 的养殖户表示实施了可追溯管理，50% 的养殖户表示没有，10% 的养殖户未作答。在未加施免疫标识的 29 家户中，养猪户 18 家，占总养猪户数的 23%，养鸡户 11 家，占总养鸡户数的 29%。

加施动物标识是可追溯管理的基础，但调查数据显示，有 2 家养猪户和 5 家养鸡户，在未加施免疫标识的情况下，实施了可追溯管理。另外，可追溯管理为成村成片实施，但调查数据显示，同一个村有的养殖户实施了可追溯管理，有的没有。从这两点来看，部分养殖户可能对可追溯管理缺乏认知。

可追溯管理未作答的户数多于免疫标识的户数。一方面可能是由于政府实施免疫标识的覆盖面大于实施可追溯管理的覆盖面，另一方面可能是由于养殖户对可追溯管理的了解程度弱于对免疫标识的了解。

乡村兽医防疫员注射的养殖户，对乡村兽医防疫人员注射服务的满意度均较高。调查结果显示，乡村兽医防疫员注射的养殖户分别是42 家养猪户和 4 家养鸡户。其中，有 14 家养猪户表示非常满意，21 家养猪户表示满意，7 家养猪户表示比较满意，1 家养鸡户表示非常满意，3 家养鸡户表示满意。没有表示不满意或非常不满意的养殖户。

不选择乡村兽医防疫人员注射主要原因是养殖规模小和担心乡村防疫员带来动物疫病。非乡村兽医防疫员注射的养殖户分别为：35 家养猪户、29 家养鸡户。对于"为什么不选择乡村兽医防疫人员注射"，11 家养猪户、9 家养鸡户是因养殖规模小；10 家养猪户、13 家养鸡户是因担心乡村防疫员带来动物疫病；2 家养猪户、1 家养鸡户是因疫苗质量太差；1 家养鸡户是因服务态度不好；2 家养猪户、1 家养鸡户是因养殖规模小且担心乡村防疫员带来动物疫病；2 家养猪户是因养殖规模小且畜禽没有病；1 家养猪户是因养殖规模小且疫苗质量太差；1 家养猪户、2 家养鸡户是为省钱；1 家养猪户是因乡村防疫员未去；1 家养猪户、1 家养鸡场是因其他原因但未说明；4 家养猪户、1 家养鸡户未作答原因。

在政府防疫宣传与培训方面，2012 年共有 46 家养殖户（占42%）参加过政府组织的培训，其中 20 家只参加过 1 次，20 家参加过 2~3 次，6 家参加过 3 次以上。单次最长培训时间一般不超过一周，以 1 天居多。培训方式上，27 家表示培训方式为集中授课，7 家表示培训方式为现场讲解，5 家表示培训方式为发放资料，7 家表示接受多种方式培训（2 家为发放资料和集中授课，3 家为集中授课和现场讲解，1 家为发放资料和现场讲解，1 家为发放资料、集中授课和现场讲解）。这说明，一次培训并非采用单一的培训方式，有可能多种方式并用，但主要还是集中授课。另外，调研数据显示，不同村之间比较，参加培训的农户比重存在差异，如二道沟村被访 20 户养猪户中有 16 户参加过，三道沟村被访 40 户养猪户中只有 7 户参加过。即使同一个村，各户间参与培训的天数、频次及培训方式也有差异。可见，因各种原因，政府培训惠及面有限。

四、动物疾病诊治及畜禽生病情况

1. 兽医概况

兽医来源，以乡村个体兽医店为主。养猪户、养鸡户的兽医来源于乡村个体兽医店的比重均为75%。养猪户兽医来源于乡镇防疫部门的比重（21%，16家）略高于养鸡户（9%，3家）。兽医来源于自家户的较少，分别是3家养猪户、6家养鸡户。

养猪户样本分布相对集中于几个村，所以同一兽医的信息可能会被记录在不同养猪户的回答中；养鸡户样本相对零散，每个村只取1户。但从统计结果来看，取样的差异并不影响数据呈现出的基层兽医整体概况。

——兽医学历中专以上为主，高中及以下学历者不到10%。

——兽医专业以畜牧兽医专业为主，特别是服务于被访养鸡户的兽医全部为畜牧兽医专业。

——兽医的年龄普遍在36～50岁，占70%，在20～35岁年龄段的占22%，50岁以上的兽医很少。

——服务于被访养猪户的兽医没有经过兽医登记的较少，而服务于被访养鸡户的兽医近50%没有经过兽医登记。这可能是由于单头猪的经济价值远高于单只鸡，故在诊疗兽医选择上出现一定差异。

——无论是服务于被访养猪户还是服务于被访养鸡户的兽医，其误诊率都较低，94%的养殖户表示兽医误诊率在20%以下。

2. 兽药使用行为

被访养殖户兽药使用过程中，主要由兽医开药方，占85%。由"有经验的邻居或朋友"开药方的4家：3家养猪户、1家养鸡户，由"自己"开药方的11家：3家养猪户、8家养鸡户，由"兽医和自己"开药方的2家：2家养鸡户。虽然只有17家养殖户涉及不用兽医开药方，但进一步询问发现，主要靠兽医开药方的养殖户也能且偶尔也会根据自己的经验给畜禽开药方。实际调研过程中发现，被访110家养殖户只有4户养鸡户表示对畜禽的主要疾病症状不了解，其余养殖户均表示了解；养殖户遇到传染性较大的疾病时，不能有效应对，但对传染性不强的疾病大都能应对。不用兽医给畜禽开药方的原因是多方面的，且养鸡户和养猪户的各原因比重趋同：自己懂兽医知识约占7成，兽医收费高、兽医没时间分别约占1成，此三种原因两两或全部综合约占1成。有个别不用兽医开药方的养鸡户认为兽医水平低，所以不用兽医开药方。

养猪户抗生素和镇静药安定使用率都较高，养鸡户抗生素使用率都较高。具体调查结果为，9成养殖户平时会使用抗生素类兽药，1/3的养殖户会使用违禁镇静类兽药安定，5%的养殖户会使用违禁性激素类兽药雌二醇或苯甲酸雌二醇。对养猪而言，85%的养猪户平时会使用抗生素类兽药，47%的养猪户会使用违禁镇静类兽药安定，6%的养猪户会使用违禁性激素类兽药雌二醇或苯甲酸雌二醇。对养鸡而言，近100%的养鸡户会使用抗生素类兽药，而平时会使用安定、雌二醇、苯甲酸雌二醇的养鸡户几乎没有。

养殖户对畜禽进行日粮用药存在一定安全隐患。日粮用药时，将兽药制成预混剂后添加到饲料中通常比兽药直接添加到饲料安全，但96%的养殖户都直接将兽药加入饲料中，仅2家养猪户、2家养鸡户是将兽药制成预混剂后添加到饲料中。

对于兽药购买地点，63%的养殖户兽药购买地点为个体经销商，31%的养殖户兽药购买地点为畜牧兽医站。具体调查结果为，77家养猪户中，44家个体经销商处购买，29家畜牧兽医站购买，3家龙头企业或养殖协会购买，1家未注明；33家养鸡户中，25家个体经销商处购买，5家畜牧兽医站购买，2家龙头企业或养殖协会购买，1家既在畜牧兽医站购买也养殖协会购买。

兽药使用过程中61%的养殖户（67家）没有得到政府支持，36%的养殖户（39家）得到政府技术支持，不到4%的养殖户（4家）得到资金支持。表示得到资金支持的4家养殖户为3个不同村的 4 家普通养猪农户，且这 4 家养猪户均不在畜牧兽医站购药。这说明兽药使用过程中是否得到政府资金支持与是否为养殖场、是否在畜牧兽医站购药没有必然联系。在得到政府技术支持的养殖户中，54% 的养殖户兽药购买地点为畜牧兽医站。在畜牧兽医站购买兽药的 62% 养殖户得到了政府技术支持，这一比例大于在其他地方购买兽药的养殖户，只有 27% 也得到政府技术支持，可推断在畜牧兽医站购买兽药比在其他地方购买更容易得到政府技术支持。

3. 兽药认知

农户对兽药认知直接影响到兽药使用和畜产品质量。问卷选取了休药期、兽药残留等知识进行询问。对于直接问是否知晓休药期，38% 的养殖户表示知道，50% 的养殖户表示知道一点，12% 的养殖户表示不知道。但通过间接询问，即询问猪注射硫酸庆大霉素、敌百虫等两种兽药的休药期时，养殖户回答结果正确率较低，一定程度上说明，养殖户对休药期方面的知识了解还相当欠缺。在是否了解兽药残留对人体健康的影响这一问题上，34% 的被访养殖户表示了解，59% 的被访养殖户表示了解一点，7% 的被访养殖户表示不了解。

为了解农户选择安全兽药的原因和学习兽药使用技术的主要途径，问卷采用 5 分量表法（表 3 - 3）。

表 3 - 3　养殖户兽药使用行为影响因素重要性一览表

	养猪户	养鸡户	合计分值
保证产品价格	115	62	177
赢得好的声誉	118	65	182
保证产品质量	102	55	157
饲养成本低	102	56	158
消费者健康	103	55	158

由表可见，保证产品质量高、消费者健康、饲养成本低是养殖户选择安全兽药优先考虑的。可能由于选择安全兽药在保证产品价格、赢得好的声誉方面起到的作用相对较小，导致其影响较小。

表 3 – 4　　养殖户不同兽药使用知识获取途径效果评价一览表

	养猪户	养鸡户	合计分值
电视	175	72	247
广播	243	101	344
报纸	245	81	326
网络	234	79	313
相关书籍学习	154	70	224
自己积累经验	130	58	188
向邻里学习	159	61	220
政府培训	241	98	339
企业或协会培训	251	113	364

　　表 3 – 4 可见，得分由低到高依次为：自己积累经验、邻里学习、相关书籍学习、电视、网络、报纸、政府培训、广播、企业或协会培训。调研显示，在获取安全兽药及使用技术信息上，养殖户还主要依靠自己积累经验、邻里学习、相关书籍学习、电视，这些途径接触的机会较多，故对其效果评价较高。

第四篇　广州市嘉禾生猪批发市场调研

广州市嘉禾生猪批发市场（也称广州市嘉禾畜禽交易服务中心，以下简称嘉禾市场）位于广州市白云区新市镇，创立于 1995 年初，1999 年被国家农业部确认为部级定点市场，2003 年 12 月 31 日，嘉禾市场的拍卖厅进行了第一次生猪电子拍卖，成为中国首家建立电子拍卖交易的生猪批发市场，被誉为"中国第一猪城"。

嘉禾市场在白云区动物防疫监督所的指导下，制订了规范的生猪进场检疫检测操作程序，进入交易市场的生猪，必须有产地检疫合格证明，动物产品运输工具消毒证明和生猪违禁药物自检报告书。当工作人员查验核对记录相关资料齐全后，才开始进行车上随机抽样监测快速检测，只有监测合格，才能准予进场销售。2009 年 3 月，嘉禾市场的部分生猪被检测出瘦肉精超标，该事件发生后，市场在当地畜牧兽医主管部门的指导下，强化检验，严抓监管，市场逐步恢复正常运营。2012 年，课题组成员浦华和胡向东到该市场调研，并与叶副总经理等相关部门负责人对有关问题进行了探讨。

一、嘉禾市场基本情况

嘉禾市场由广州市畜牧总公司、白云区畜牧水产总公司和嘉禾街望岗村三方合资，所占的股份分别为 15%、25%（白云区国资委持有）和 60%，占地面积达 50 万平方米，总体规划面积 15 万平方米，建有生猪交易栏舍 16 栋，共 100 个栏，每栏面积 100 平方米，屠宰场面积 3 万平方米，2004 年"广良"牌猪肉确定为广东省农业名牌产品。

嘉禾市场每天的交易量在 5 500～6 000 头，以前超过 10 000 头，主要分流到佛山市等地的生猪批发市场。市场的交易生猪主要有三个来源，即 40% 来自温氏集团，40% 来自广西自治区，20% 来自湖南省。

嘉禾市场设立检测中心，检测中心设备由市场投资，检验工作由白云区动防所负责，市场配合。采取"门口检疫"方式，对进入嘉禾市场的生猪采用 20%～25% 比例的抽检，主要检测莱克多巴胺和盐酸克伦特罗（俗称瘦肉精）；屠宰场设计的屠宰能力为 6 000 头/天，实际每天屠宰的生猪在 3 000 头左右，每年的屠宰量在 100 万头左右（2011 年屠宰量为 86 万头）。

市场的收入主要包括两个来源，一是档口租金，现有 96 个档口（交易区域），每月的租金为 4 500～5 000 元，另一个为屠宰场"代宰费"，标准为 25～28 元/头。

二、100%检测是否可行

相关部门在分析可能"漏检"原因时表示，目前批发市场检测制度存在技术漏洞。生猪进入批发市场的检验和检测现在都是按一定比例进行抽检，嘉禾市场将生猪抽检率由原来的 10% 提高为 15%～20%，但是市民担心 20% 的抽检仍可能存在"漏网之猪"，能否实现生猪 100% 的检测？嘉禾市场叶副总经理在分析对生猪进行抽检的可能性时，提出市场的"三个难处"：

"经费保障难"。每天市场生猪交易量 5 000 头左右，每头生猪快速检测的花费是 8 元，其中大部分由政府部门承担，市场仅负责小部分，如果全部抽检，政府每年的财政支出将增加近千万元，如何筹措，就是个难题。

"现场采样难"。检疫检测要用生猪尿样，生猪不可能随时提供尿样，加之众多生猪在车上挤在一起，要区分哪头生猪已经被检测，难度也不小。

"检验检测难"。按照目前的检测能力，每头生猪都接受的时间成本会很大。嘉禾市场每天的生猪交易量超过 5 000 头，这些猪如果全部接受检测，按照现有设备和人员情况，可能要两三天。

"瘦肉精"事件发生后，广州市商务局表示，今后将在全市范围内取消生猪批发市场，直接建立生猪养殖基地和肉联厂"挂钩"的产销方式，让其直接为所供生猪的质量负责。广州市法制办也将《广州市生猪和生猪产品质量安全监督管理暂行办法》列入 2010 年度政府规章立法计划。

三、"代宰制"何去何从

嘉禾生猪批发市场实行的是"代宰制"，就是肉品零售商在市场自行采购生猪，由市场的屠宰厂宰杀后，到农贸市场销售。"代宰制"存在的主要原因是，生猪经营者可以自主选购生猪，委托市场的屠宰场屠宰，由于减少了中间环节，使猪肉的成本可以下降 0.2 元/斤左右。但通过"瘦肉精"事件，也暴露出一些问题：比如市场每天有一百多个猪贩在交易，一个交易量比较大的肉贩买的猪可能来自若干个猪贩，他从张三那抓 20 头，从李四那抓 30 头，集中一起运到屠宰场时已是"百家猪"，如果按照 5%（"瘦肉精"事件前的比例）比率抽检，对于来自于不同猪场的"百家猪"，抽检的代表性会大打折扣，如果一旦出现问题，很难追查到源头。

"瘦肉精"事件，凸显了已施行 7 年多的"代宰制"在生猪销售环节上留下的漏洞。根据出台的《广州市生猪和生猪产品质量安全监督管理暂行办法》，广州市重点强化对生猪养殖、屠宰和销售的全程监管。

四、批发市场如何升级

广州市嘉禾生猪批发市场自开办以来，虽然采取多种措施，加强动物防疫工作，至今也没有发生重大动物疫情，并较好地展示出市场连接产销、促进生产、保障需求供应等市场功能。但不可否认，原来处于城郊的市场，由于市场周边城市化、交通枢纽化的发展，周围居民区林立，加之生猪来源复杂、健康水平不一和"活畜交易＋屠宰加工＋批发销售"一条龙经营模式以及市场"人多、车多、猪多"等特点,不仅存在畜产品质量安全的隐患,在当前国内外动物疫情形势严峻的情况下,诱发重大动物疫情风险较大。谈到市场的升级,相关部门负责人提出如下措施。

1. 进一步改造市场

市场应根据临时寄养、屠宰加工、批发和办公等不同的用途,对现有市场进行进一步优化,明确功能区块设定,而且在各功能区块之间要有设置隔离区和缓冲区,以最大限度地避免环境污染和交叉感染的发生,也有利于重大动物疫情发生的控制、隔离、封锁和扑灭。

2. 完善风险评估

认真做好生猪产地调研,科学规范地进行风险评估、风险管理和风险信息交流,加强产、销两地之间的动物疫情信息互通,摸清产地动物疫情的动态情况,选择规模上等级、防疫上水平、管理上档次、诚信记录好、质量可追溯、产品安全有保障的单位和个人的动物、动物产品调入市场,并严把动物、动物产品调入的登记备案、报检报验和市场准入关,采取综合措施规避疫情风险,严禁防疫不到位、检疫不合格、质量安全有风险及无证无标的动物、动物产品的调入。

3. 强化防疫消毒

市场应充分发挥现有消毒设施,切实落实消毒制度,加强对进出车辆、人员、场所、工具、饲料等进行全方位的彻底消毒,定期清除粪便垃圾,创造条件进行轮换休市,以提高消毒效果。驻场动物卫生监督机构应切实加强监督,严防消毒流于形式、存有死角等疏于消毒的情况发生。

4. 适时实现搬迁

要彻底杜绝市场的安全隐患，最根本的办法还是要搬迁市场。据了解，广州将建设广州现代化屠宰加工中心，实行从养殖—屠宰—配送"三位一体"的猪肉流通模式，从而取消生猪批发市场，让生猪养殖基地和肉联厂直接挂钩，然后进行全市范围内的配送。

附　录　调研问卷

辽宁省、山东两省养殖户动物
疫病防控调研问卷

指导语：我们是中国农业科学院的研究人员，本调查是为《中国动物卫生重大问题研究》提供数据支持，为国家制定有关政策提供支持，以便于更好地为养殖企业/户服务。所有问题无所谓对错，只要反映您的真实想法就可以。我们保证所有数据只用于科学研究，并且严格保密。感谢您的支持！

地址：_____ 省（市/区）_____市/县
_____ 乡/镇（街道）_____ 行政村
联系电话：_____
所在行政村基本情况：

总户数*	总人口数	人均年收入	人均畜牧业收入	从事养殖的户数

村里养殖的畜种	有无养殖小区	养殖小区类型（按小区饲养畜种分）
猪；②鸡；③猪鸡都有	有；②无	猪；②鸡；③猪鸡同区；④猪鸡不同区

说明：本调查需填写数值处请一律用阿拉伯数字，如2 000忌写成2千，以便数据统计。能选番号处将所选番号划勾即可，未注明多选处均为单选。

一、基本情况

1. 被访者姓名_____ 单位职务_____
性别_____ 年龄_____ 文化程度_____
2. 养殖企业（户）性质_____ （①普通农户；②专业户；③大型养殖厂）
3. 从事养殖行业的年限年_____年
4. 离您最近的类似（养同一种动物的）养殖场/户有_____公里

5. 您养殖场所处的区域？（①自家后院；②养殖小区；③村外独立区域；④其他，请注明_____）

6. 养殖企业（户）从业人数：_____人，其中女性：_____人

——学历构成：大专及以上_____人；中专_____人；高中_____人；初中_____人；小学及以下_____人

——专业构成：畜牧兽医专业_____人，非畜牧兽医专业_____人，无专业_____人

——年龄构成：20岁以下_____人；21～35岁_____人，36～50岁_____人；50岁以上_____人

7. 2011年营业总收入：_____万元，支出_____万元，盈利_____万元。附近的相近行业经营者年盈利_____万元

（预计）2012年营业总收入：_____万元，支出_____万元，盈利_____万元。

8. 养殖者建立了养殖档案吗？（①建立；②未建立）

9. 养殖档案一般要求保留的时间？（①一年；②一年半；③二年）

二、养殖和防疫情况

1. 2011 年畜禽饲养和防疫情况（头、只，元/头只）

	猪	鸡
畜禽品种代码：1 猪；2 鸡	1	2
养殖模式：1 育种（仔）；2 自繁自养；3 自繁部分出售、部分自养；4 买种（仔）育肥；5 其他，请注明		
年初存栏数		
年内购入数		
能繁母畜数		
年内繁殖数		
年内死亡数		
年末存栏数		
全年出栏数		
过去一年曾使用过的疫苗免疫情况		
疫苗 1		
免疫率（%）		
疫苗 2		
免疫率（%）		
疫苗 3		
免疫率（%）		
疫苗 4		
免疫率（%）		
疫苗 5		
免疫率（%）		
疫苗 6		
免疫率（%）		

疫苗名称代码：1 = 伪狂犬病疫苗；2 = 乙脑疫苗；3 = 副嗜血杆菌病疫苗；4 = 传染性胃肠炎（流行性腹泻）疫苗；5 = 细小病毒疫苗；6 = 猪丹毒-猪肺疫二联苗；7 = 仔猪副伤寒疫苗；8 = 猪链球菌疫苗；9 = 猪圆环病毒疫苗；10 = 猪喘气病疫苗；11 = 新城疫（鸡瘟）疫苗；12 = 马立克氏病疫苗；13 = 传染性支气管炎疫苗；14 = 传染性喉气管炎疫苗；15 = 传染性法氏囊疫苗；未被编码到的疫苗请直接填写疫苗名称。

2. 是否有防疫员专门上门指导？（①是；②否）

如果是，一般防疫员每年指导几次？（①1 次；②2～4 次；③5 次以上）

3. 每名（村级）防疫员平均指导的户数？（①30 户以下；②31～60 户；③61 户以上）

4. 经强制免疫的动物是否建立免疫档案，加施畜禽标识？（①是；②否）是否实施可追溯管理？（①是；②否）

5. 您家（或场）的疫苗是由谁注射的？（①自家人；②乡村防疫或兽医人员；③场内专业防疫员；④其他，请注明_____）

6. 疫苗注射后效果如何？（①效果很好；②效果一般；③无效果）

7. 如果是自家人或场内专业人员注射，疫苗是从哪里购买的？（①乡兽医站；②县兽医站；③私人兽药店；④其他，请注明_____）

8. 养殖场内有无病畜禽隔离和粪便、污物处理、消毒等设施？（①有；②没有）

9. 动物粪便处理方式？（①沼气池；②堆肥；③其他，请注明_____）

10. 是否会因为动物的气味和粪水外流影响与邻居的关系？（①是；②否）

11. 畜禽免疫前是否做抗体检测？（①是；②否）

12. 如果是乡村兽医防疫人员注射，你对他们的服务是否满意？（①非常满意；②满意；③比较满意；④不满意；⑤非常不满意）

13. 如果您家（或场）的防疫针是自己人注射，或你对乡村兽医防疫人员不满意，为什么？（可多选）（①养殖规模小；②畜禽没有病；③担心乡村防疫员带来动物疫病；④疫苗质量太差；⑤服务态度不好；⑥其他，请注明_____）

14. 贵养殖企业（户）是否接受过畜禽防疫的宣传与培训？（①是；②否）如果是，培训的主要组织形式为？_____最长一次的培训时间是几天？_____天

15. 如果接受过畜禽防疫宣传培训，培训的方式是？（①发放资料；②集中授课；③现场讲解；④其他请注明_____）

16. 每年接受畜禽防疫宣传培训频次？（①1次及以下；②2～3次；③4次及以上）

17. 引入种畜/禽的方式？（①集市购入；②友邻场引入；③亲戚朋友介绍的养殖场引入；④动物防疫部门指定的养殖场引入；⑤养殖协会介绍引入；⑥其他，请注明_____）

18. 引入种畜/禽进行了隔离观察吗？（①没有；②有）

19. 您单位建立了消毒制度吗？（①已建立；②未建立）

20. 哪些场所需要消毒？（可多选）（①圈舍；②进出人员；③运载车辆；④办公室；⑤食堂；⑥生产区道路；⑦圈舍间空地）

21. 圈舍饲养人员可同时管理几个舍？（①多个；②二个；③一个）

22. 圈舍用具如何使用？（①集中使用；②分别使用）

23. 防疫如何收费？（①按畜禽头数由乡/村统一收费；②按农户家庭人口数由乡村统一收费；③根据实际疫苗注射情况直接向农户收费；④其他，请注明_____）

三、饲料

1. 在所有饲料中自制和外购的比例：自制_____％；外购_____％

2. 外购饲料的主要购货渠道？（①大型饲料企业；②乡镇畜牧兽医站；③私人商店；④集市；⑤其他，请注明_____）

3. 以上饲料购货渠道的单价一致吗？（①一致；②不一致）
如果不一致，请给上述渠道按单价从低到高排序_____

4. 您一直采取同样的购货渠道吗？（①是；②不是）

5. 如果一直采取同样的购货渠道，原因是什么？（可多选）（①价格低；②购买方便；③产品质量好；④服务好；⑤亲戚朋友关系；⑥其他，请注明_____）

6. 购置时是否注意鉴别饲料包装信息？（①注意鉴别；②没注意鉴别）

7. 您的养殖场里有自制饲料的设备吗？（①有；②没有），如有是什么_____

8. 购入饲料原料进行加工时，如何判断原料的质量？（①经验；②设备测量；③委托第三方帮助判断；④其他，请说明_____）

9. 在购入原料时，发生黄曲霉素的现象比例多大？（①20%以下；②20%～50%；③50%以上）

10. 您平时使用哪些饲料添加剂？（①二硝托胺预混剂；②马杜霉素铵预混剂；③阿美拉霉素预混剂；④土霉素钙预混剂；⑤其他，请注明_____）

11. 在自制饲料中，您购买和使用饲料添加剂吗？（①大量购买；②少量购买；③不购买，主要靠自家的青饲料和饲料粮）如果您使用饲料添加剂，您知道饲料添加剂的使用规范吗？（①知道；②不知道）

12. 如果购买过配合饲料及添加剂，主要从哪里购买？（①饲料公司；②个体经销商；③畜牧兽医站；④龙头企业或养殖协会；⑤其他，请注明_____）

13. 您认为饲料及添加剂与产品的品种和质量安全关系密切吗？（①很密切；②一般；③不相关；④不知道；⑤其他，请注明_____）

14. 您使用过菜籽饼、棉籽饼吗？（①是；②否），如果使用过，您知道应进行脱毒处理吗？（①知道；②不知道）

15. 您有干燥、通风的场所贮存饲料吗？（①有；②没有）

16. 对变质饲料您是如何处理的？（①继续使用；②扔掉；③处理后使用）

四、疾病诊治

1. 您对畜禽的主要疾病症状了解吗？（①了解；②不了解）
谁给畜禽开药方？（①兽医；②有经验的邻居或朋友等；③自己）

2. 兽医来源？（①本企业内；②乡村个体兽医店；③乡镇防疫部门；④县以上防疫部门）

3. 兽医的学历是：（①本科及以上；②大专；③中专；④高中及以下；⑤不知道）

4. 兽医的专业是：（①畜牧兽医专业；②非畜牧兽医专业）

5. 兽医的年龄：（①20～35岁；②35～50岁；③50岁以上）

6. 是否经过乡村兽医登记？（①是；②否）

7. 兽医的误诊率为：（①20%以下；②20%～50%；③50%～80%；④80%以上）

8. 如果您不用兽医给畜禽开药方，原因是什么？（①自己懂兽医知识；②兽医收费高；③兽医水平低；④兽医没时间；⑤其他，请注明_____）

9. 您平时使用的兽药包括哪些？（①抗生素；②安定（地西泮）；③雌二醇；④苯甲酸雌二醇；⑤其他，请注明_____）

10. 您是如何了解科学使用兽药规范的？（①按兽医药方；②听邻居经验；③自己看说明书；④其他，请注明_____）

11. 兽药的添加方法？（①直接加入饲料中；②制成预混剂后方可添加到饲料中）

12. 你知道休药期吗？（①知道；②知道一点；③不知道）

猪注射硫酸庆大霉素的休药期是几天？（①10天；②20天；③40天）

敌百虫的休药期是几天？（①10天；②20天；③28天）

13. 您购兽药的地点？（①个体经销商；②畜牧兽医站；③龙头企业或养殖协会；④其他，请注明_____）

14. 您在兽药的使用过程中是否得到政府的支持？（①是；②否）如果得到支持，请选择具体的支持方式？（①技术；②资金；③其他，请说明_____）

15. 您是否了解兽药残留对人体健康的影响？（①了解；②了解一点；③不了解）

16. 不用有害药，请指出以下选项对您的影响程度：

——产品出售时价格有保证 （①很重要；②较重要；③一般；④不太重要；⑤很不重要）

　　——能够赢得好的声誉　　（①很重要；②较重要；③一般；④不太重要；⑤很不重要）

　　——产品质量有保证　　（①很重要；②较重要；③一般；④不太重要；⑤很不重要）

　　——饲养成本低　　（①很重要；②较重要；③一般；④不太重要；⑤很不重要）

　　——对人体健康有保证　　（①很重要；②较重要；③一般；④不太重要；⑤很不重要）

　　17. 在了解安全兽药及使用技术信息时，不同途径可能表现出不同效果，请分别评价：

　　——电视（①很好；②好；③一般；④差；⑤很差）

　　——广播（①很好；②好；③一般；④差；⑤很差）

　　——报纸（①很好；②好；③一般；④差；⑤很差）

　　——网络（①很好；②好；③一般；④差；⑤很差）

　　——相关书籍的学习（①很好；②好；③一般；④差；⑤很差）

　　——自己经验的积累（①很好；②好；③一般；④差；⑤很差）

　　——向邻里学习（①很好；②好；③一般；④差；⑤很差）

　　——来自政府科技推广部举办的培训（①很好；②好；③一般；④差；⑤很差）

　　——养殖龙头企业或协会的培训（①很好；②好；③一般；④差；⑤很差）

　　18. 今年有多少生病畜禽？＿＿＿＿＿＿，病死多少畜禽？＿＿＿＿＿＿；知道病因吗？（①是；②否），是什么病？＿＿＿＿＿＿

　　19. 去年有多少生病畜禽？＿＿＿＿＿＿，病死多少畜禽？＿＿＿＿＿＿；知道病因吗？（①是；②否），是什么病？＿＿＿＿＿＿

　　20. 畜禽生病后如何处理？（①治病；②出售；③处死扔掉）

　　21. 你知道病死畜禽无害化如何处理吗？（①知道②不知道）

　　五、销售

　　1. 您的畜禽在销售前都进行检疫检测吗？（①是；②不是）

　　如果是，你去年销售的畜禽中有百分之＿＿＿＿＿＿进行过检疫

（百分之 _____ 是只发检疫证，而不进行检疫，百分之 _____ 是经过认真检疫后发证的）

2. 销售前一般检测哪些指标？_____

3. 检疫收费是如何进行的？（①按畜禽销售和屠宰头数由乡或村里统一收费；②根据实际检疫情况直接向农户收费；③其他，请注明 _____ ）

4. 您的畜禽产品销售渠道：（①屠宰场；②贩子上门收购；③通过协会组织销售给屠宰企业；④食品加工企业；⑤其他，请注明 _____ ）

5. 您选择上述某种销售渠道的原因：（①价格好；②费用低；③方便；④固定关系；⑤其他，请注明 _____ ）

6. 您与收购方的销售关系稳定吗？（①稳定；②不稳定）

7. 您与收购方签订销售合同吗？（①有合同；②无合同）

8. 您如果发现畜禽可能生病，还继续销售吗？（①尽快销售；②检查治病；③其他，请注明 _____ ）

9. 收购方在收购时是否要看动物产品的检测手续？（①是；②否）

10. 在下列销售渠道中，哪一种渠道检测检查较为严格？（①屠宰场；②贩子；③通过协会组织销售给屠宰企业；④食品加工企业；⑤其他，请注明 _____ ）

11. 影响收购价格的因素主要是：（①品种；②瘦肉率；③是否生过病；④其他，请注明 _____ ）

六、合作防疫

1. 您认为自己的养殖场出现大型动物疫病的可能性大吗？
（①完全不可能；②可能性很小；③一般；④可能性较大；⑤可能性很大）

2. 您认为动物疫病的风险主要来自？（①外购种畜/禽；②外来收购小贩；③野生动物传播；④其他请注明 _____ ）

3. 您认为下列两种饲养方式，哪种方式能更好地防止动物疫病？（①各家在自家后院养殖；②大家集中在养殖小区进行养殖）

4. 如果为了控制动物疫病的发生，在村口或养殖小区外设立公共的消毒装置，小贩的车辆进出都要强制进行消毒，您认为这种方式在减少动物疫病的风险方面的效果：

（①很好；②好；③一般；④差；⑤很差）

5. 如采取上述方法，需各家按养殖规模缴纳少许费用，在什么情况下您愿意？

（①如果大部分人愿意缴费我也愿意；②不管别人是否愿意我都愿意；③不管别人是否愿意我都不愿意）

6. 如果采取上述方法，您认为村里有多少养殖户会愿意缴费、共同防疫？

（①几乎都愿意；②大部分愿意；③一半左右；④少部分愿意；⑤几乎都不愿意）

7. 村/乡里有养殖协会吗？ （①有；②村里没有但乡/镇里有；③没有）

如果有，您是否参加了？（①是；②否）

8. 您认为养殖协会对于防治动物疫病是否有效果？

（①效果很好；②效果较好；③一般；④没什么效果；⑤完全没效果）